职业教育**数字媒体应用**人才培养系列教材

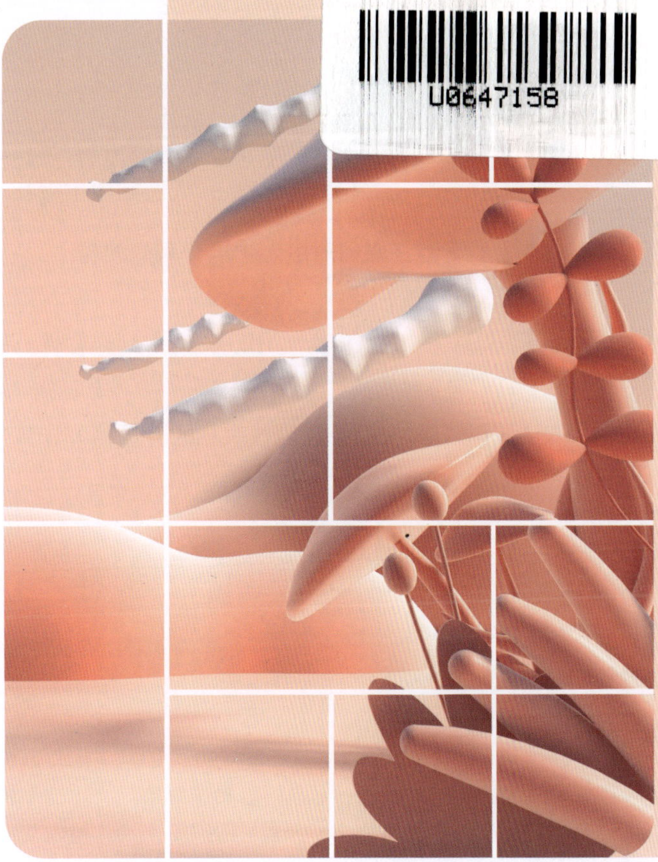

电子活页全彩微课版

Animate

实例教程

Animate 2020

湛邵斌◎主编　魏伟 王博 邱海齐 张翅◎副主编

人民邮电出版社

北　京

图书在版编目（CIP）数据

Animate实例教程：电子活页全彩微课版：Animate 2020 / 湛邵斌 主编. -- 北京：人民邮电出版社，2024.1

职业教育数字媒体应用人才培养系列教材
ISBN 978-7-115-63400-9

Ⅰ. ①A… Ⅱ. ①湛… Ⅲ. ①动画制作软件—职业教育—教材 Ⅳ. ①TP391.414

中国国家版本馆CIP数据核字(2023)第249216号

内 容 提 要

本书全面、系统地讲解 Animate 2020 的基本操作方法和动画制作技巧，包括 Animate 2020 基础知识，图形的绘制与编辑，对象的编辑与修饰，文本的编辑，外部素材的应用，元件和库，基本动画的制作，图层与高级动画，声音素材的编辑，动作脚本的应用，交互式动画的制作，组件和动画预设，作品的测试、优化、输出和发布，综合设计实训等内容。

书中主要章节的内容讲解以案例为主线，通过案例制作，学生可以快速掌握软件功能和动画设计思路。书中的软件功能解析部分使学生能够深入了解软件功能；课堂练习和课后习题可以提升学生的实际应用能力，帮助学生掌握软件的使用技巧。本书的最后一章精心安排了 5 个综合设计实训案例，力求通过这些案例的制作，提高学生的动画设计创意能力。

本书适合作为高等院校数字媒体艺术类专业相关课程的教材，也可作为相关人员的自学参考书。

◆ 主　编　湛邵斌
　　副主编　魏　伟　王　博　邱海齐　张　翅
　　责任编辑　马　媛
　　责任印制　王　郁　焦志炜
◆ 人民邮电出版社出版发行　　北京市丰台区成寿寺路 11 号
　　邮编　100164　电子邮件　315@ptpress.com.cn
　　网址　https://www.ptpress.com.cn
　　天津市银博印刷集团有限公司印刷
◆ 开本：787×1092　1/16
　　印张：15.25　　　　　　2024 年 1 月第 1 版
　　字数：413 千字　　　　2025 年 7 月天津第 5 次印刷

定价：79.80 元

读者服务热线：(010)81055256　印装质量热线：(010)81055316
反盗版热线：(010)81055315

本书全面贯彻党的二十大精神，以社会主义核心价值观为引领，传承中华优秀传统文化，坚定文化自信，使内容更好地体现时代性、把握规律性、富于创造性。

Animate 是 Adobe 公司推出的一款动画设计与制作软件。它功能强大、易学易用，深受动画爱好者和动画设计人员的喜爱，已经成为这一领域流行的软件之一。目前，我国很多高等职业院校的数字媒体艺术类专业都将"Animate"列为一门重要课程。为了帮助高等职业院校的教师比较全面、系统地讲授这门课程，使学生能够熟练地使用 Animate 来进行动画设计，几位长期在高等职业院校从事 Animate 教学的教师和在专业动画设计公司就职的经验丰富的设计师共同编写了本书。

本书的体系结构经过精心的设计，基本按照"课堂案例—软件功能解析—课堂练习—课后习题"这一思路进行编排。通过课堂案例演练，可使学生快速熟悉软件功能和动画设计思路；通过软件功能解析，可使学生深入了解软件功能和制作特色；通过课堂练习和课后习题，可拓展学生对 Animate 的实际应用能力。在内容编写方面，力求细致全面、重点突出；在文字叙述方面，做到言简意赅、通俗易懂；在案例选取方面，强调案例的针对性和实用性。

本书配套云盘中包含了书中所有案例的素材文件及效果文件。另外，为方便教师教学，本书配备了详尽的课堂练习和课后习题的操作视频以及 PPT 课件、教学大纲等丰富的教学资源，任课教师可在人邮教育社区（www.ryjiaoyu.com）免费下载使用。本书的参考学时为 64学时，其中实训环节为 28 学时，各章的参考学时可参见下面的学时分配表。

学时分配表

章	课程内容	学时分配	
		讲授 / 学时	实训 / 学时
第 1 章	Animate 2020 基础知识	2	—
第 2 章	图形的绘制与编辑	2	2
第 3 章	对象的编辑与修饰	2	2
第 4 章	文本的编辑	2	2
第 5 章	外部素材的应用	2	2
第 6 章	元件和库	2	2
第 7 章	基本动画的制作	4	2
第 8 章	图层与高级动画	4	2

前言 F O R E W O R D

续表

章	课程内容	学时分配	
		讲授 / 学时	实训 / 学时
第 9 章	声音素材的编辑	2	2
第 10 章	动作脚本的应用	2	2
第 11 章	交互式动画的制作	4	4
第 12 章	组件和动画预设	2	2
第 13 章	作品的测试、优化、输出和发布	2	—
第 14 章	综合设计实训	4	4
学 时 总 计		36	28

由于编者水平有限，书中难免存在疏漏和不足之处，敬请广大读者批评指正。

编 者

2023 年 10 月

C O N T E N T S 目录

目录 C O N T E N T S

CONTENTS 目录

目录 CONTENTS

CONTENTS 目录

目录 C O N T E N T S

教学辅助资源

素材类型	数　量	素材类型	数　量
教学大纲	1 套	课堂案例	29 个
电子教案	14 个	课堂练习	13 个
PPT 课件	14 个	课后习题	13 个

配套视频列表

章	名　称	章	名　称
第 2 章 图形的绘制 与编辑	绘制引导页中的插画	第 7 章 基本动画的 制作	制作城市动画
	绘制卡通太空插画		制作房地产广告
	绘制引导页中的商店	第 8 章 图层与高级 动画	制作电商广告
	绘制卡通小汽车		制作化妆品主图动画
	绘制大嘴鸟插画		制作电压力锅广告
第 3 章 对象的编辑 与修饰	绘制闪屏页中的插画		制作飘落的树叶
	绘制风景插画	第 9 章 声音素材的 编辑	添加图片按钮音效
	制作茶叶网站首页		制作横版汽车海报
	绘制飞机插画		制作中秋节海报
第 4 章 文本的编辑	绘制卡通形象插画	第 10 章 动作脚本的 应用	制作系统时钟
	制作耳机网站首页		制作漫天飞雪
	制作服饰类 App 主页 Banner		制作鼠标跟随
	制作水果标牌	第 11 章 交互式动画 的 制作	制作祝福语动态海报
	制作博物馆海报		制作端午节庆海报
第 5 章 外部素材的 应用	制作运动鞋广告		制作动态图标
	制作手机界面	第 12 章 组件和动画 预设	制作运动鞋横版海报
	制作化妆品广告		制作汽车广告
	制作旅游海报		制作旅行箱广告
第 6 章 元件和库	制作新年贺卡	第 14 章 综合设计 实训	制作元宵节贺卡
	制作教育插画		制作旅游相册
	制作乡村风景插画		制作女包广告
	制作加载条动画		制作油泼面海报
第 7 章 基本动画的 制作	制作打字效果		制作早安片头
	制作逐帧动画效果		设计音乐节目片头
	制作文化动态海报		设计空调扇广告
	制作饰品类公众号封面首图		设计手机广告
	制作骨骼动画		设计节日类动态海报
	制作镜头动画		

扩展知识扫码阅读

设计基础

✔认识形体　　✔透视原理

✔认识设计　　✔认识构成

✔形式美法则　　✔点线面

✔基本型与骨骼　　✔认识色彩

✔认识图案　　✔图形创意

✔版式设计　　✔字体设计

>>>

设计应用

✔创意绘画　　✔图标设计

✔装饰设计　　✔VI设计

✔UI设计　　✔UI动效设计

✔标志设计　　✔包装设计

✔广告设计　　✔文创设计

✔网页设计　　✔H5页面设计

✔电商设计　　✔MG动画设计

✔网店美工设计　　✔新媒体美工设计

>>>

>>>

01

第 1 章
Animate 2020 基础知识

本章介绍

　　本章将详细讲解Animate 2020的基础知识和基本操作。读者通过对本章的学习，会对 Animate 2020 有初步的认识和了解，并能够掌握软件的基本操作方法和技巧，为以后的学习打下一个坚实的基础。

学习目标

- 了解 Animate 2020 的操作界面
- 掌握文件操作的方法和技巧
- 了解 Animate 2020 的系统配置

素质目标

- 培养良好的创意思维
- 培养具有主观能动性的学习能力
- 培养能够不断改进学习方法的自主学习能力

1.1 Animate 2020 概述

　　Animate 是 Adobe 公司推出的一款功能强大的动画设计与制作软件，应用 Animate 可以设计制作出丰富的交互式矢量动画和位图动画，且制作的动画可以应用于动画影片、广告设计、网站设计、教学设计、游戏设计等领域。Animate 可以将动画发布到多种平台，用户可以在电视、计算机、移动设备上浏览这些动画。

1.2 Animate 2020 应用领域

　　随着互联网和 Animate 的发展，Animate 动画技术的应用越来越广泛。下面分别介绍 Animate 动画技术的主要应用领域。

1.2.1 动画影片

　　Animate 作为动画影片的主要制作软件，可以制作出精美的矢量动画作品。使用 Animate 制作的动画作品造型独特、内涵丰富、极具创意、有趣生动，很多家喻户晓的动画影片就是使用 Animate 制作的，如图 1-1 所示。

图 1-1

1.2.2 广告设计

　　网络广告因其覆盖面广、方式灵活、互动性强等特点，在传播方面有着非常大的优势，得到了广泛的应用。Animate 中有多种广告模板，包括弹出式广告、告示牌广告、全屏广告、横幅广告等，应用 Animate 可以设计制作出丰富多样的动画广告，如图 1-2 所示。

图 1-2

1.2.3 网站设计

　　为了增加网站的动态效果和交互效果，以及增强视觉表现力，可以使用 Animate 进行设计制作，包括制作引导页、为 Logo 和 Banner 添加动画效果、制作网页等，如图 1-3 所示。

图 1-3

1.2.4　教学设计

随着教育信息化的不断发展，Animate 在教学设计中得到了广泛的应用。使用 Animate 可以设计制作标准动画，也可以制作与开发交互式课件。使用 Animate 制作的作品体积小、效果生动、交互性强，如图 1-4 所示。

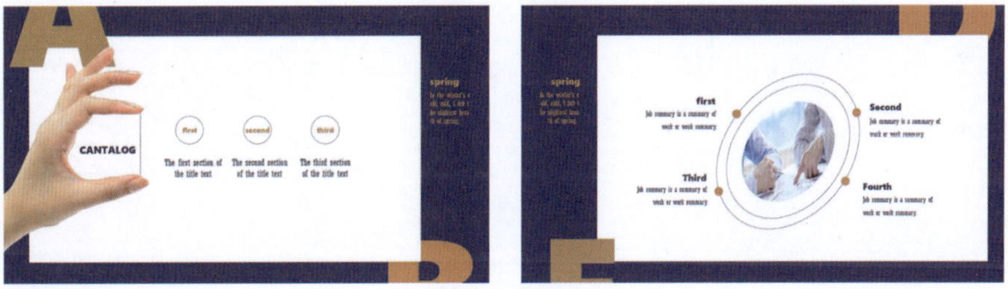

图 1-4

1.2.5　游戏设计

使用 Animate 设计制作的游戏，种类丰富、风格新颖、体积较小、互动性强且操作便捷，常见的游戏类型包括益智类、设计类、棋牌类、休闲类等，如图 1-5 所示。

图 1-5

1.3　Animate 2020 的新增功能

Adobe Animate 2020 是由原 Adobe Flash Professional 更名而来，简称 An 2020。Animate 2020 在保留 Flash 原有功能之外新增了多个功能，下面就来详细地介绍。

1.3.1 图像矢量化

在 Animate 2020 中，使用"图像描摹"命令可以将栅格图像（如 JPEG、PNG、PSD 等格式的图像）转换为更易编辑的矢量图，从而得到更高的画质。此功能可以从一系列描摹预设中进行选择，从而快速获得需要的效果。例如，可以使在纸上绘制的素描图像轻松地转换为矢量图。

1.3.2 音频分割

使用 Animate 2020，可以将边下载边播放的"流式"音频分割成多个音频并保留其效果。

1.3.3 图像处理改进

在 Animate 2020 中，打开"发布设置"对话框，取消勾选"导出为纹理"和"将图像合并到 Sprite 表中"复选框，可以将 Canvas 文档中导入的所有图像按原样导出，而不更改其大小。

1.3.4 画笔镜像

在 Animate 2020 中，"橡皮擦"工具和"画笔"工具的功能都有所增强，增加了同步镜像功能。在"画笔"选项中，勾选"将设定与橡皮擦同步"复选框，可以将当前"橡皮擦"工具的设置镜像到"画笔"工具中；在"橡皮擦"选项中，勾选"将设定与传统画笔同步"复选框，可以将当前"画笔"工具的设置镜像到"橡皮擦"工具中。

为便于上述同步功能的操作，在 Animate 2020 中，"橡皮擦"工具和"画笔"工具中的压力或斜度设置、模式、笔尖大小和形状等所有子选项都将被记录下来，即使退出并重新启动 Animate 2020，也将保持退出之前的设置。

1.3.5 帧选择器增强功能

Animate 2020 中增加了将元件固定到帧选择器上的功能。使用此功能后，可以将不同的元件固定在不同的帧选择器中，以避免在使用工具时再选到其他元件。固定后的元件会被自动记忆下来，只要在舞台上使用了该元件，就不会从记忆中删除。若想在记忆中删除该元件，只需在库中删除该元件或解除该元件的固定并将其移动到其他文档中即可。

1.3.6 纹理贴图集增强功能

在 Animate 2020 中，"纹理贴图集"功能新增了两个导出选项，一是"分辨率"选项，可以选择从 0.3 到 3.0 的不同导出分辨率；二是"优化尺寸"选项，可以选择导出前后图像尺寸的差异，若勾选此选项，会对图像尺寸、宽度和高度进行优化，若不勾选此选项，图像尺寸、宽度和高度将按所选尺寸生成。

1.3.7 文件保存优化

Animate 2020 中减少了自动恢复模式的保存时间，加快了保存复杂数据的速度，增强了逐步保存 Animate 文档（FLA 和 XFL）的功能。

1.3.8 资源变形

Animate 2020 中增加了资源变形功能，利用这一功能，可以更好地控制变形手柄和变形结果。

1.4　Animate 2020 的操作界面

　　Animate 2020 的操作界面由以下几部分组成：菜单栏、工具箱、"时间轴"面板、场景和舞台、"属性"面板和浮动面板，如图 1-6 所示。下面将一一介绍。

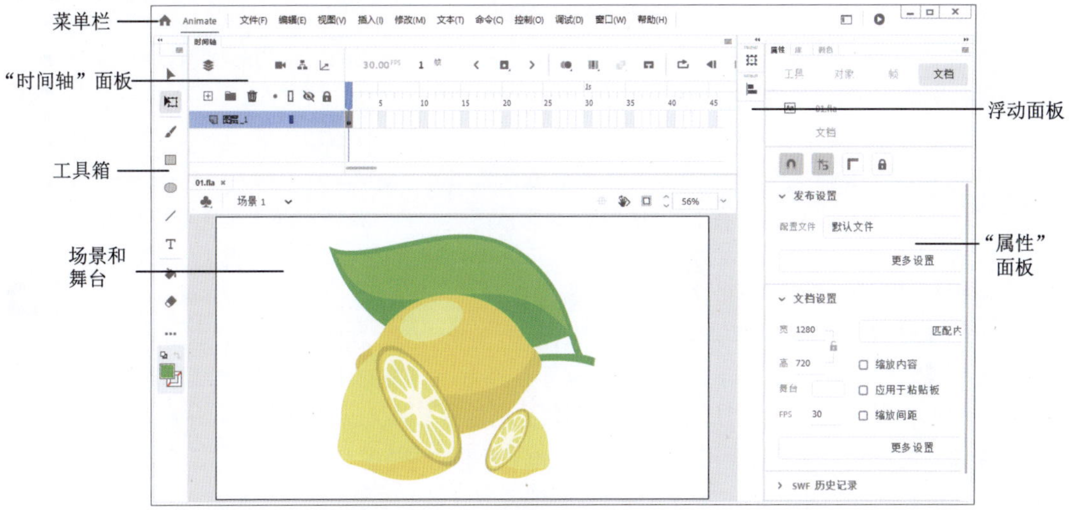

图 1-6

1.4.1　菜单栏

　　Animate 2020 的菜单栏中依次为"文件"菜单、"编辑"菜单、"视图"菜单、"插入"菜单、"修改"菜单、"文本"菜单、"命令"菜单、"控制"菜单、"调试"菜单、"窗口"菜单及"帮助"菜单，如图 1-7 所示。

图 1-7

　　"文件"菜单：主要功能是新建、打开、保存、发布、导出动画，以及导入外部图形、图像、声音、动画文件，以便在当前动画中使用这些文件。

　　"编辑"菜单：主要功能是对舞台上的对象及帧进行选择、复制、粘贴，以及自定义面板、设置参数等。

　　"视图"菜单：主要功能是进行环境设置。

　　"插入"菜单：主要功能是创建图层、元件、动画以及插入帧。

　　"修改"菜单：主要功能是修改动画中的对象。

　　"文本"菜单：主要功能是修改文字的大小、样式、对齐方式以及对字母间距进行调整等。

　　"命令"菜单：主要功能是保存、查找、运行命令。

　　"控制"菜单：主要功能是测试、播放动画。

　　"调试"菜单：主要功能是对动画进行调试。

　　"窗口"菜单：主要功能是控制各功能面板是否显示，以及设置面板的布局。

　　"帮助"菜单：主要功能是提供 Animate 2020 在线帮助信息，包括教程和 ActionScript 帮助。

1.4.2　工具箱

工具箱提供了图形绘制和编辑的各种工具，分为"工具""查看""颜色""选项"4
个功能区，如图 1-8 所示。选择"窗口 > 工具"命令，或按 Ctrl+F2 组合键，可以调出工
具箱。

1.　"工具"区

"工具"区提供了选择、创建、编辑图形的工具。

"选择"工具▶：选择、移动和复制舞台上的对象，改变对象的大小和形状等。

"部分选取"工具▷：用来抓取、选择、移动和改变形状路径。

"任意变形"工具▣：对舞台上选定的对象进行缩放、扭曲、旋转变形。

"渐变变形"工具▤：对舞台上选定的对象填充渐变色、变形。

"3D 旋转"工具●：可以在 3D 空间中旋转影片剪辑实例。在使用该工具选择影片剪
辑后，3D 旋转控件将出现在选定对象上。x 轴为红色、y 轴为绿色、z 轴为蓝色。使用橙色
的自由旋转控件可使选定对象同时绕 x 轴和 y 轴旋转。

"3D 平移"工具↧：可以在 3D 空间中移动影片剪辑实例。在使用该工具选择影片剪
辑后，影片剪辑的 x 轴、y 轴和 z 轴 3 个轴将显示在舞台上对象的顶部。x 轴为红色、y 轴
为绿色、z 轴为黑色。使用此工具可以将影片剪辑分别沿着 x 轴、y 轴或 z 轴进行平移。

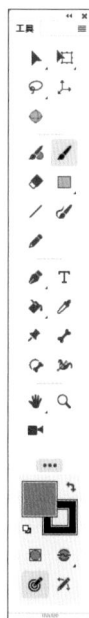
图 1-8

"套索"工具◉：在舞台上选择不规则的区域或多个对象。

"多边形套索"工具◹：在舞台上选择规则的区域或多个对象。

"魔术棒"工具⚡：在舞台上根据颜色的范围选择区域。

"钢笔"工具✎：绘制直线段和光滑的曲线，可以调整直线段长度、角度及曲线曲率等。

"添加锚点"工具✎₊：在绘制的线段上单击可以添加锚点。

"删除锚点"工具✎₋：在锚点处单击可以删除锚点。

"转换锚点"工具⌐：用于转换锚点的方向。

"文本"工具**T**：创建、编辑字符对象和文本窗体。

"线条"工具╱：绘制直线段。

"矩形"工具▣：绘制矩形矢量色块或图形。

"基本矩形"工具▣：绘制基本矩形，此工具用于绘制图元对象。图元对象允许用户在"属性"
面板中调整其特征的形状，可以在创建形状之后，精确地控制形状的大小、边角半径及其他属性，
而无须从头开始绘制。

"椭圆"工具◉：绘制椭圆形、圆形矢量色块或图形。

"基本椭圆"工具◉：绘制基本椭圆形，此工具用于绘制图元对象。可以在创建形状之后，精
确地控制形状的开始角度、结束角度、内径及其他属性，而无须从头开始绘制。

"多角星形"工具●：绘制等比例的多边形。

"铅笔"工具✎：绘制任意形状的矢量图形。

"画笔"工具🖌：绘制任意形状的色块矢量图形（颜色由笔触色决定）。

"传统画笔"工具╱：绘制任意形状的色块矢量图形（颜色由填充色决定）。

"骨骼"工具⚞：可以实现反向运动制作人物动画效果。

"绑定"工具⚟：可以调整骨骼与控制点之间的关系。

"颜料桶"工具⬤：用来改变色块的色彩。

"墨水瓶"工具🕭：用来改变矢量线段、曲线、图形边框线的色彩。

"滴管"工具✏：将舞台图形的属性赋予当前绘图工具。

"橡皮擦"工具◆：擦除舞台上的图形。

"宽度"工具🖌：用来修改笔触的宽度。

"资源变形"工具📌：可以更好地控制手柄和变形结果。

2. "查看"区

该区域的工具用于改变舞台画面，以便更好地观察。

"摄像头"工具📷：用来模仿虚拟的摄像头移动效果。

"手形"工具✋：可移动舞台画面，以便更好地观察。

"旋转"工具🖑：可以用来临时旋转舞台的视图角度，以特定角度进行绘制，不用旋转舞台上的实际对象。

"时间滑动"工具🖑：可以在舞台窗口中拖曳鼠标调整时间标签所在的位置。

"缩放"工具🔍：可改变舞台画面的显示比例。

3. "颜色"区

该区域的工具用于绘制、编辑图形的笔触颜色和填充色。

"笔触颜色"按钮◼：选择图形边框和线条的颜色。

"填充颜色"按钮☐：选择图形要填充的颜色。

"黑白"按钮⬚：系统默认的颜色。

"交换颜色"按钮↺：可将笔触颜色和填充色进行交换。

4. "选项"区

不同工具有不同的属性选项，可通过"选项"区为当前选择的工具进行属性选择。

1.4.3 "时间轴"面板

"时间轴"面板用于组织和控制文件内容在一定时间内的播放。按照功能的不同，"时间轴"面板分为左右两部分，左侧为层控制区，右侧为时间线控制区，如图1-9所示。"时间轴"面板中的主要组件是层、帧和播放头。

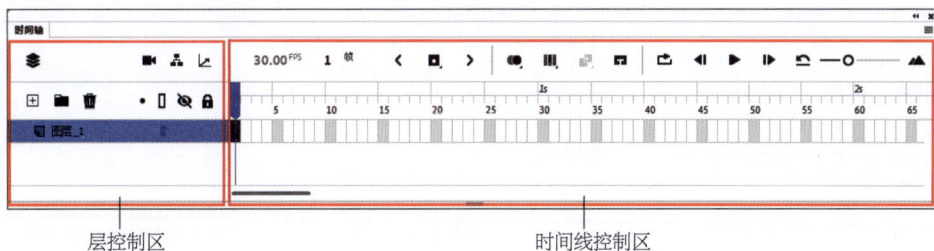

层控制区　　　　　　　　　　　时间线控制区

图1-9

1. 层控制区

层就像堆叠在一起的多张幻灯胶片，每个层都包含一个显示在舞台中的不同图像。在层控制区中，可以显示舞台上正在编辑的作品的所有层的名称、类型、状态，并可以通过工具按钮对层进行操作。

2. 时间线控制区

时间线控制区由帧、播放头、多个按钮及信息栏组成。与胶片一样，Animate 文档也将时间长度分为帧，每个层中包含的帧都会显示在该层的右侧。时间轴顶部的时间轴标题指示帧编号；播放头指示舞台中当前显示的帧，信息栏显示当前帧编号、动画播放速率以及到当前帧为止的运行时间等信息。

1.4.4　场景和舞台

场景是所有动画元素的最大活动空间，如图 1-10 所示。像多幕剧一样，场景可以不止一个。要查看特定场景，可以选择"视图 > 转到"命令，再从其子菜单中选择场景的名称。

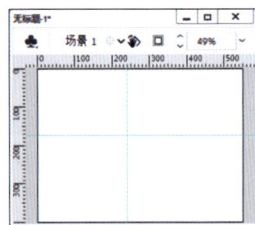

图 1-10

场景也就是常说的舞台，是编辑和播放动画的矩形区域。在舞台上可以放置和编辑矢量插图、文本框、按钮、导入的位图、视频剪辑等对象。舞台包括大小、颜色等设置。

在舞台上可以显示网格和标尺，帮助制作者准确定位。显示网格的方法是选择"视图 > 网格 > 显示网格"命令，如图 1-11 所示。显示标尺的方法是选择"视图 > 标尺"命令，如图 1-12 所示。

在制作动画时，还常常需要辅助线来作为舞台上不同对象的对齐标准，需要时可以从标尺上向舞台拖曳鼠标以产生蓝色的辅助线，如图 1-13 所示，辅助线在动画播放时并不显示。不需要辅助线时，从舞台上向标尺方向拖曳辅助线即可将其删除。还可以选择"视图 > 辅助线 > 显示辅助线"命令，显示出辅助线；选择"视图 > 辅助线 > 编辑辅助线"命令，修改辅助线的颜色等属性。

图 1-11　　　　　　　　图 1-12　　　　　　　　图 1-13

1.4.5　"属性"面板

对于正在使用的工具或资源，使用"属性"面板，可以很容易地查看和更改它们的属性，从而简化文档的创建过程。当选定某个工具时，在"属性"面板"工具"选项卡中会显示该工具的属性设置，如图 1-14 所示；选定文本、组件、形状、位图、视频、组等对象时，"属性"面板会自动进入"对象"选项卡，在选项组中可以显示相应的信息和设置，如图 1-15 所示；选定某帧时，"属性"面板会自动进入"帧"选项卡，如图 1-16 所示。

图 1-14 　　　　　　　　　　　图 1-15 　　　　　　　　　　　图 1-16

1.4.6　浮动面板

使用此面板可以查看、组合和更改资源。但屏幕的大小有限，为了使工作区尽量地大，Animate 2020 提供了多种自定义工作区的方式，如可以通过"窗口"菜单显示、隐藏面板，还可以通过鼠标拖曳来调整面板的大小以及重新组合面板，如图 1-17 和图 1-18 所示。

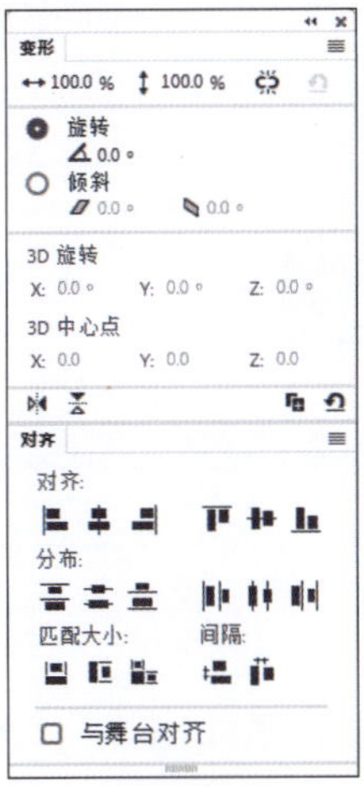

图 1-17　　　　　　　　　　　　　　　　　　　　　　　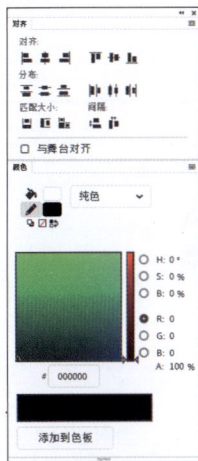

　　　　　　　　　　　　　　　　　　　　　　　　　　　图 1-18

1.5　Animate 2020 的文件操作

1.5.1　新建文件

新建文件是使用 Animate 2020 进行设计的第一步。

选择"文件 > 新建"命令，弹出"新建文档"对话框，如图 1-19 所示。在对话框的上方选择要创建文档的类型，在"预设"选项组中选择需要的尺寸，也可以在"详细信息"选项组中自定义尺寸、单位和平台类型等。设置完成后，单击"创建"按钮，即可完成新建文件的任务，如图 1-20 所示。

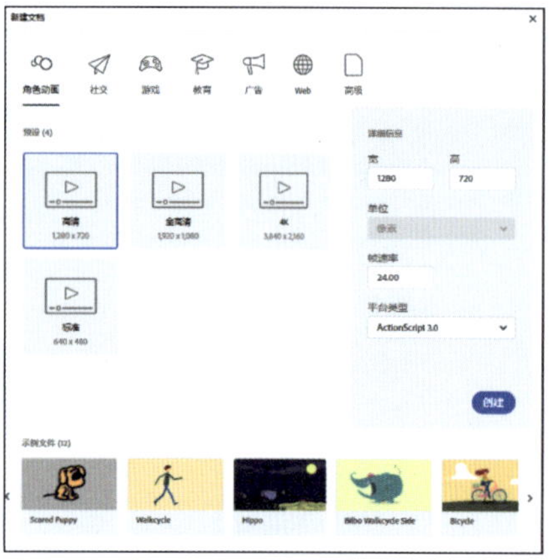

图 1-19

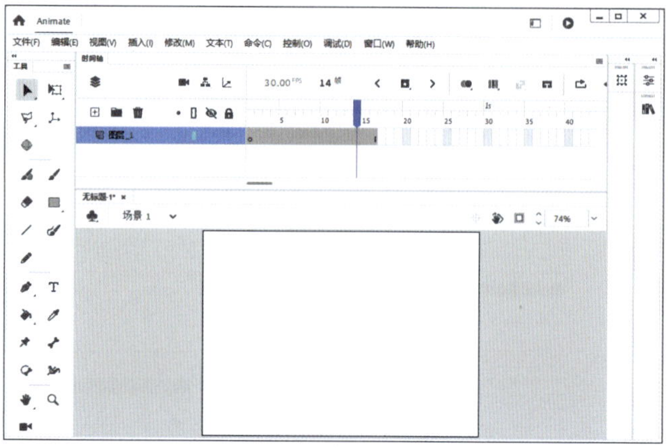

图 1-20

1.5.2   保存文件

编辑和制作完动画后，需要将动画文件进行保存。

选择"文件 > 保存（另存为）"等命令可以将文件保存在磁盘上，如图 1-21 所示。当设计好作品进行第一次存储时，选择"保存"命令，或按 Ctrl+S 组合键，会弹出"另存为"对话框，如图 1-22 所示。在对话框中输入文件名，选择保存类型，单击"保存"按钮，即可将动画保存。

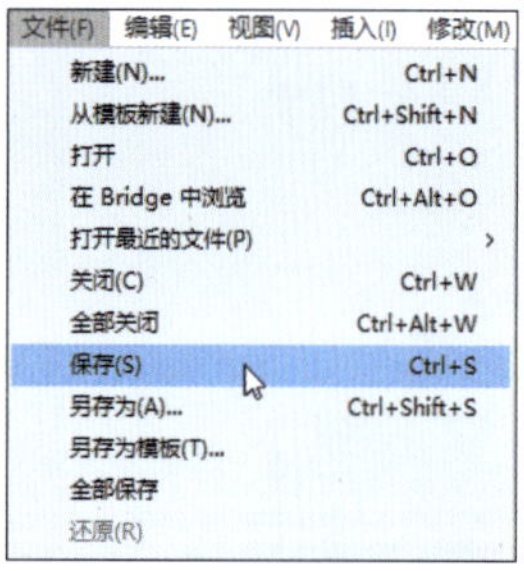

图 1-21

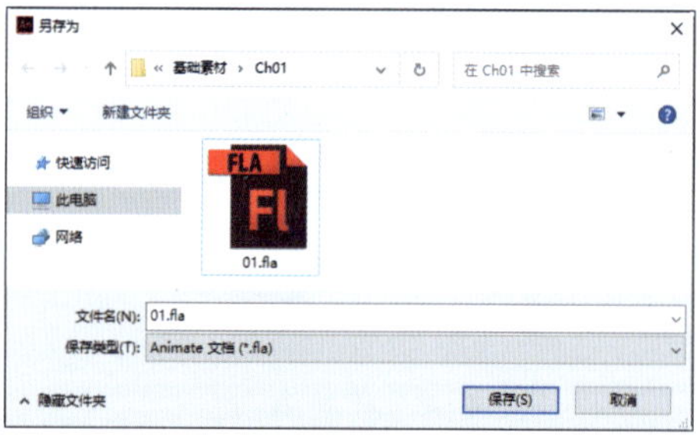

图 1-22

> **提示**
>
> 当对已经保存过的动画文件进行了各种编辑操作后，选择"保存"命令，将不会弹出"另存为"对话框，而是直接保存最终确认的结果，并覆盖原始文件。因此，在未确定要放弃原文件之前，应慎用"保存"命令。

若既要保留修改过的文件，又不想放弃原文件，可以选择"文件 > 另存为"命令，或按 Ctrl+Shift+S 组合键，弹出"另存为"对话框。在对话框中，可以为更改过的文件重新命名、选择保存路径、设定保存类型，然后进行保存，这样将保留原文件，同时会保存修改后的文件。

1.5.3   打开文件

如果要修改已保存的动画文件，必须先将其打开。

选择"文件 > 打开"命令，弹出"打开"对话框，在对话框中搜索路径和文件，确认文件类型和名称，如图 1-23 所示。然后单击"打开"按钮，或直接双击文件，即可打开指定的动画文件，如图 1-24 所示。

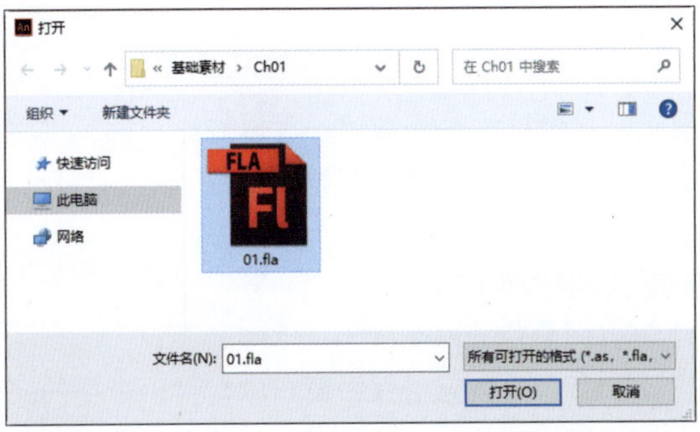

图 1-23

图 1-24

> **提示**
>
> 　　在"打开"对话框中，也可以一次打开多个文件，只要在文件列表中将所需的几个文件选中，并单击"打开"按钮，系统就会逐个打开这些文件，以免反复调用"打开"对话框。有两种方法可以选择多个文件：在"打开"对话框中，按住 Ctrl 键的同时单击，可以选择不连续的文件；按住 Shift 键的同时单击，可以选择连续的文件。

1.6　Animate 2020 的系统配置

1.6.1　"首选参数"对话框

在"首选参数"对话框中，可以自定义一些常规操作的参数选项。

该对话框包含"常规"选项卡、"代码编辑器"选项卡、"脚本文件"选项卡、"编译器"选项卡、"文本"选项卡和"绘制"选项卡，如图 1-25 所示。选择"编辑 > 首选参数 > 编辑首选参数"命令，或按 Ctrl+U 组合键，可以弹出"首选参数"对话框。

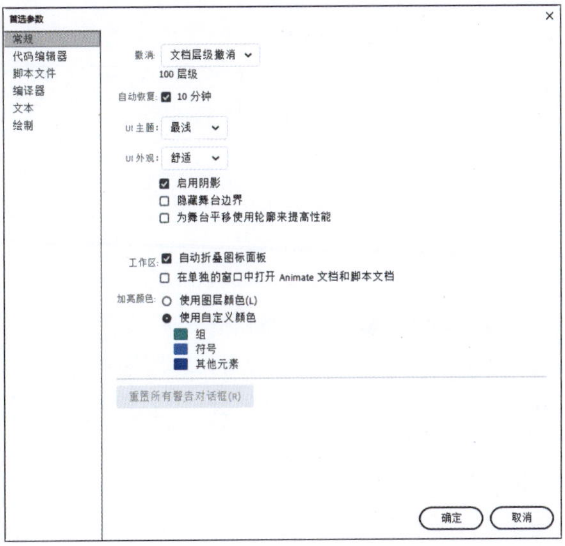

图 1-25

1. **"常规"选项卡**

"常规"选项卡如图 1-25 所示。

"撤消"下拉列表：在该下拉列表下方的"层级"数值框中输入数值，可以对影片编辑过程中的操作步骤的撤销或重做次数进行设置，输入的数值是范围为 2 ~ 300 的整数。使用的撤销层级越多，占用的系统内存就越大，所以可能会影响软件的运行速度。

"自动恢复"选项：可以恢复突然断电或是死机时没有保存的文档。

"UI 主题"选项：主要用来调整 Animate 的工具界面颜色的深浅度。

"工作区"选项：若要在选择"控制 > 测试影片"命令时在应用程序窗口中打开一个新的文档选项卡，请勾选"在单独的窗口中打开 Animate 文档和脚本文档"复选框。默认情况下是在单独的窗口中打开测试影片。若要在单击处于图标模式的面板外部时使这些面板自动折叠，请勾选"自动折叠图标面板"复选框。

"加亮颜色"选项：用于设置舞台中独立对象被选取时的轮廓颜色。

2. **"代码编辑器"选项卡**

"代码编辑器"选项卡如图 1-26 所示，主要用于设置 Animate 中代码的显示效果。

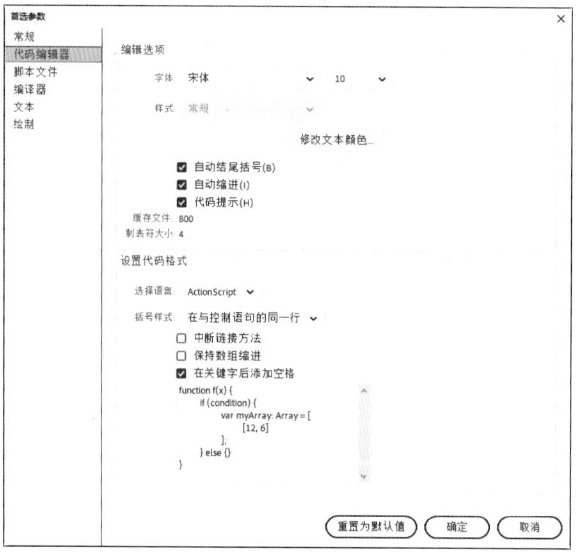

图 1-26

"字体"选项：用于设置字体和字号。

"样式"选项：用于设置字体的样式，有"常规""倾斜""加粗""加粗并倾斜"几个选项。

"修改文本颜色"按钮：单击此按钮，在弹出的对话框中，可设置前景、背景、关键字、注释、标识符及字符串的文本颜色。

"自动结尾括号"选项：默认勾选此复选框。默认情况下，所有代码是用括号括住的。

"自动缩进"选项：勾选此复选框，在输入代码时将按级别进行缩进。

"代码提示"选项：勾选此复选框，在输入代码时会出现代码属性提示。

"缓存文件"选项：用于设置缓存文件限制。默认为 800。

"制表符大小"选项：默认为 4，可手动输入数值。

"选择语言"选项：用于选择脚本语言，有 ActionScript 和 JavaScript 两个选项。选择某个选项后，下方的文本框中会显示一个代码样例。

"括号样式"选项：用于选择括号样式，包括在与控制语句的同一行、位于单独行或仅是闭合括号位于单独行。

"中断链接方法"选项：勾选此复选框，系统显示代码行时将合理断开。

"保持数组缩进"选项：勾选此复选框，系统将合理缩进数组。

"在关键字后添加空格"选项：勾选此复选框，将在每个关键字后面留空格。

3. "脚本文件"选项卡

"脚本文件"选项卡如图 1-27 所示，主要用于设置脚本文件。

图 1-27

"打开"选项：用于选择编码的类型，如果选择"UTF-8 编码"选项，将使用 Unicode 编码打开或导入文件；选择"默认编码"选项，将使用系统当前所用语言的编码形式打开或导入文件。

"重新加载修改的文件"选项：用于指定脚本文件被修改、移动或删除时将如何操作。选择"总是"选项将不显示警告，自动重新加载文件；选择"从不"选项将不显示警告，文件仍保持当前状态；选择"提示"选项，将显示警告，并可以选择是否重新加载文件。

4. "编译器"选项卡

"编译器"选项卡如图 1-28 所示，用于设置选定的语言。

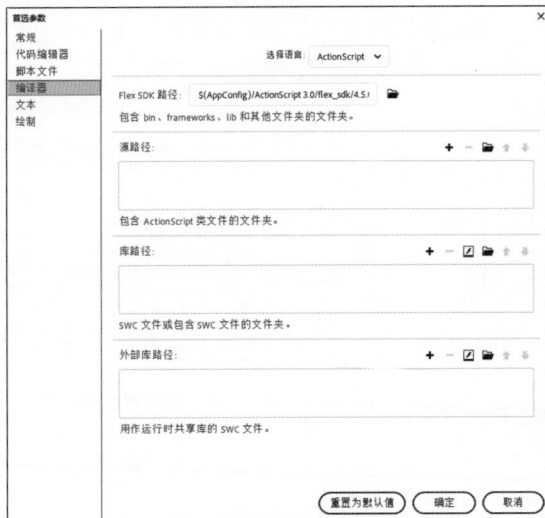

图 1-28

"Flex SDK 路径"选项：包含二进制、框架、库及其他文件的文件夹的路径。

"源路径"选项：包含 ActionScript 类文件的文件夹的路径。

"库路径"选项：SWC 文件或包含 SWC 文件的文件夹的路径。

"外部库路径"选项：用作运行时共享库的 SWC 文件的路径。

5. "文本"选项卡

"文本"选项卡如图 1-29 所示，用于设置文本的显示。

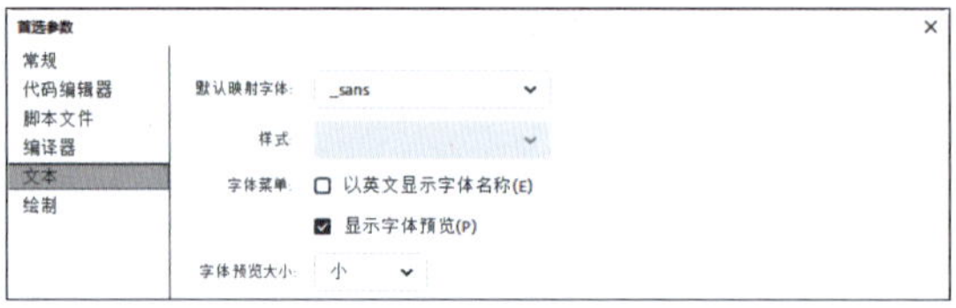

图 1-29

6. "绘制"选项卡

"绘制"选项卡如图 1-30 所示。

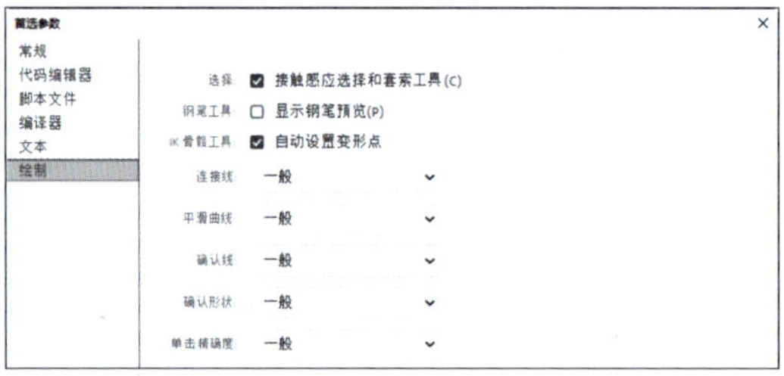

图 1-30

可以指定"钢笔"工具指针外观的首选参数，用于在画线段时进行预览，或者查看选定锚点的外观；也可以通过绘画设置来指定对齐、平滑和伸直行为，更改每个选项的"容差"设置；还可以打开或关闭每个选项。

1.6.2　设置浮动面板

Animate 中的浮动面板用于快速设置文档中对象的属性。用户可以应用系统默认的面板布局，也可以根据需要随意地显示或隐藏面板，以及调整面板的大小。

1. 系统默认的面板布局

选择"窗口 > 工作区 > 传统"命令，操作界面中将显示传统的面板布局。

2. 自定义面板布局

将需要设置的面板调到操作界面中，效果如图 1-31 所示。

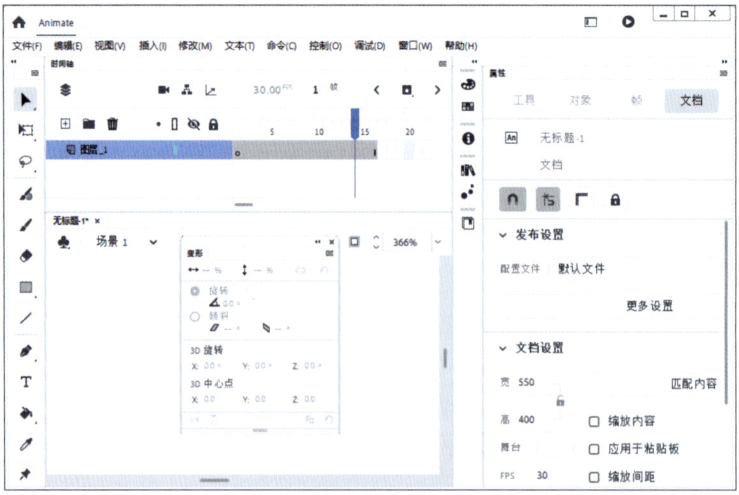

图 1-31

将鼠标指针放置在面板名称上，将面板移动到操作界面的右侧，效果如图 1-32 所示。

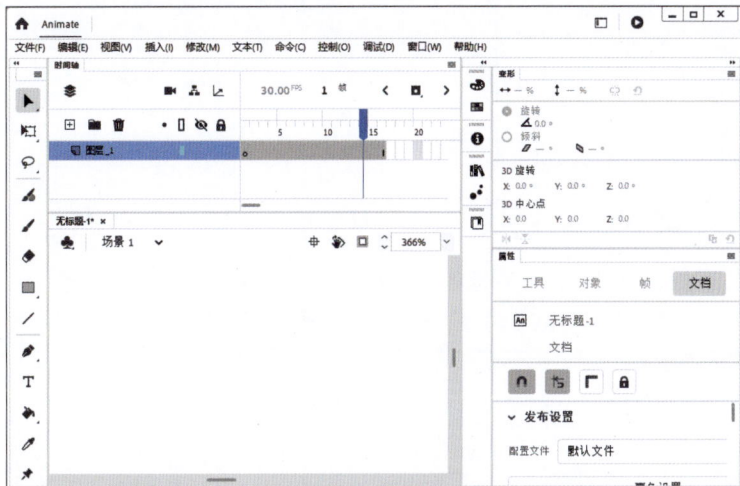

图 1-32

1.6.3 "历史记录"面板

"历史记录"面板用于将文档新建或打开以后操作的步骤一一进行记录，便于用户查看操作的步骤过程。在面板中可以有选择地撤销一个或多个操作步骤，还可将面板中的步骤应用于同一对象或文档中的不同对象。在系统默认的状态下，"历史记录"面板可以撤销 100 次操作步骤，用户也可以根据自身需要在"首选参数"对话框（可在操作界面的"编辑"菜单中选择"首选参数"命令）中设置不同的撤销步骤数，该数值的范围为 2 ~ 300。

> **提示**
>
> "历史记录"面板中的步骤顺序是按照操作过程一一对应记录下来的，不能重新排列。

选择"窗口 > 历史记录"命令，或按 Ctrl+F10 组合键，弹出"历史记录"面板，如图 1-33 所示。在文档中进行一些操作后，"历史记录"面板会将这些操作按顺序进行记录，如图 1-34 所示，其中滑块 所在位置就是当前正在进行的操作。

图 1-33

图 1-34

将滑块移动到绘制过程中的某一个操作步骤时，该步骤下方的操作步骤都将显示为灰色，如图 1-35 所示。这时再进行新的操作，原来为灰色的操作将被新的操作所替代，如图 1-36 所示。在"历史记录"面板中，已经被撤销的步骤将无法重新找回。

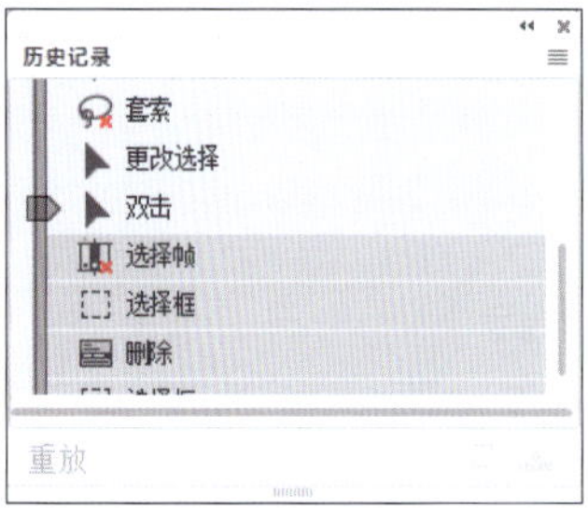

图 1-35

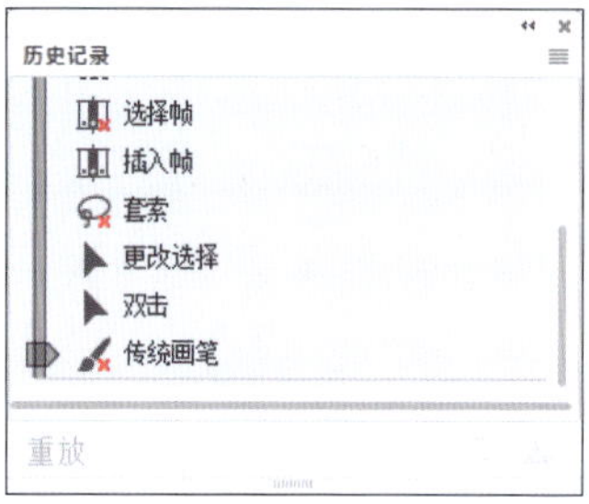

图 1-36

"历史记录"面板可以显示操作对象的一些数据。在面板中单击鼠标右键，在弹出的快捷菜单中选择"视图 > 在面板中显示参数"命令，如图 1-37 所示。这时，面板中将显示出操作对象的具体参数，如图 1-38 所示。

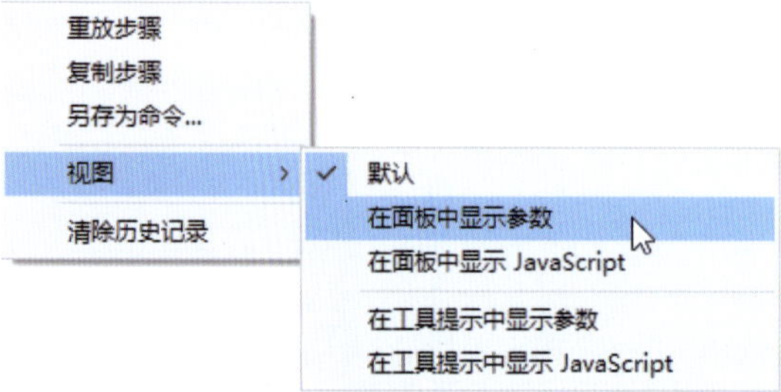

图 1-37

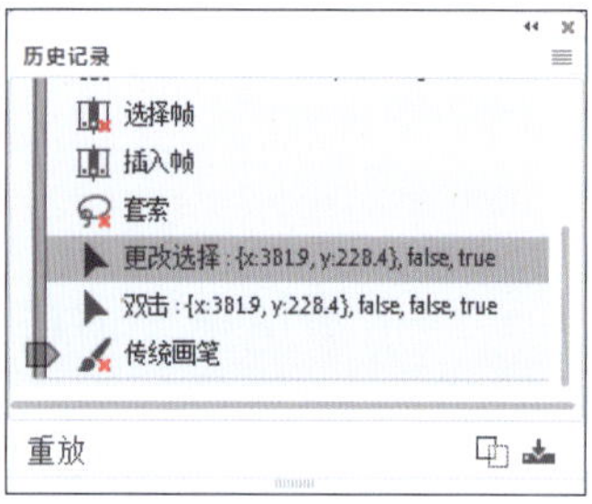

图 1-38

在"历史记录"面板中，可以清除已经应用过的操作步骤。在面板中单击鼠标右键，在弹出的快捷菜单中选择"清除历史记录"命令，如图 1-39 所示；弹出提示对话框，如图 1-40 所示，单击"是"按钮，面板中的所有操作步骤将会被清除，如图 1-41 所示。清除历史记录后，将无法找回被清除的记录。

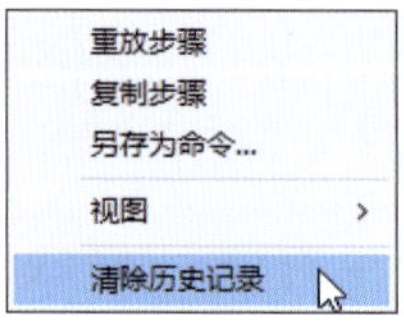

图 1-39

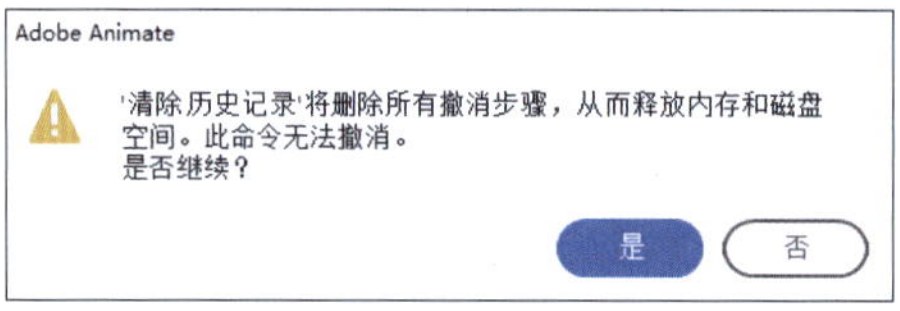

图 1-40

图 1-41

02

第 2 章
图形的绘制与编辑

本章介绍

　　本章将介绍 Animate 2020 绘制图形的功能和编辑图形的技巧，还将讲解多种选择图形的方法以及设置图形色彩的技巧。读者通过学习，要掌握绘制图形、编辑图形的方法和技巧，要能独立绘制出所需的各种图形效果并对其进行编辑，为进一步学习 Animate 2020 打下坚实的基础。

学习目标

- 熟练掌握绘制图形的多种工具的使用方法
- 熟练掌握多种图形编辑工具的使用方法和技巧
- 了解图形的色彩，并掌握几种常用的色彩面板

素质目标

- 培养能够准确观察和分析图像的能力
- 培养能够不断改进学习方法的自主学习能力
- 培养能够不断实践和积极探索的能力

2.1　图形的绘制与选择

在 Animate 2020 中创造的充满活力的设计作品都是由基本图形组成的，Animate 2020 提供了各种工具来绘制线条和图形，应用绘制工具可以绘制多变的图形与路径。要在舞台上修改图形对象，需要先选择对象，再对其进行修改。

2.1.1　课堂案例——绘制引导页中的插画

案例学习目标

使用不同的绘图工具绘制图形。

案例知识要点

使用"基本矩形"工具、"矩形"工具、"椭圆"工具、"钢笔"工具、"多角星形"工具、"线条"工具，来完成引导页中的插画绘制，效果如图 2-1 所示。

微课视频　　　　扩展案例

绘制引导页　　绘制青蛙
中的插画　　　　卡片

图 2-1

效果所在位置

云盘 /Ch02/ 效果 / 绘制引导页中的插画 .fla。

（1）选择"文件 > 新建"命令，弹出"新建文档"对话框，在"详细信息"选项组中，将"宽"设为 300、"高"设为 300，在"平台类型"下拉列表中选择"ActionScript 3.0"选项，如图 2-2 所示。最后单击"创建"按钮，即可完成文档的创建，如图 2-3 所示。

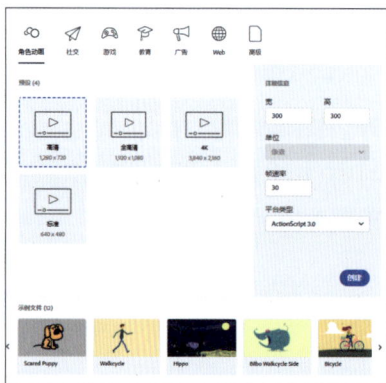

图 2-2

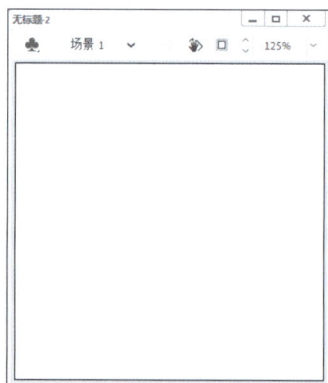

图 2-3

（2）将"图层_1"重新命名为"圆角矩形"。选择"基本矩形"工具 ，在"属性"面板"工具"

选项卡中，将"笔触"设为无，"填充"设为绿色（#20C492）；在"矩形选项"选项组中，单击"矩形边角半径"按钮□，在右侧的数值框中输入 50，其他选项的设置如图 2-4 所示，在舞台窗口中绘制 1 个圆角矩形，效果如图 2-5 所示。

（3）保持圆角矩形的选取状态，在"属性"面板"对象"选项卡中，将"宽"和"高"均设为 234，将"X"和"Y"均设为 33，如图 2-6 所示，效果如图 2-7 所示。

图 2-4　　　　　　图 2-5　　　　　　图 2-6　　　　　　图 2-7

（4）单击"时间轴"面板上方的"新建图层"按钮⊞，创建一个新图层并将其命名为"外形"，如图 2-8 所示。在"基本矩形"工具"属性"面板"工具"选项卡中，将"笔触"设为黑色，"填充"设为白色，"笔触大小"设为 3；在"矩形选项"选项组中，单击"单个矩形边角半径"按钮○，在右侧的数值框中输入 10、10、10、30，其他选项的设置如图 2-9 所示，在舞台窗口中绘制 1 个圆角矩形，效果如图 2-10 所示。

图 2-8　　　　　　图 2-9　　　　　　图 2-10

（5）保持上一步所创建图形的选取状态，在"属性"面板"对象"选项组中，将"宽"设为 128，"高"设为 186，"X"设为 72，"Y"设为 93，如图 2-11 所示，效果如图 2-12 所示。

（6）单击"时间轴"面板上方的"新建图层"按钮⊞，创建一个新图层并将其命名为"屏幕"。在"基本矩形"工具"属性"面板"工具"选项卡中，将"笔触"设为黑色，"填充"设为深灰色（#333333），"笔触大小"设为 3；在"矩形选项"选项组中，单击"单个矩形边角半径"按钮○，在右侧的数值框中输入 10、10、10、30，在舞台窗口中绘制 1 个圆角矩形，效果如图 2-13 所示。

图 2-11   图 2-12   图 2-13

（7）保持图形的选取状态，在"属性"面板"对象"选项卡中，将"宽"设为 102，"高"设为 85，"X"设为 85，"Y"设为 106，效果如图 2-14 所示。

（8）单击"时间轴"面板上方的"新建图层"按钮⊞，创建一个新图层并将其命名为"画面"。选择"矩形"工具▢，在"矩形"工具"属性"面板"工具"选项卡中，单击"对象绘制模式"按钮▣，将"笔触"设为黑色，"填充"设为橘黄色（#FF6600），"笔触大小"设为 3，其他选项的设置如图 2-15 所示，在舞台窗口中绘制 1 个矩形，效果如图 2-16 所示。

图 2-14   图 2-15   图 2-16

（9）选择"选择"工具▶，在舞台窗口中选中图 2-17 所示的矩形，在绘制对象"属性"面板"对象"选项卡中，将"宽"和"高"均设为 65，"X"设为 104，"Y"设为 116，如图 2-18 所示，效果如图 2-19 所示。

图 2-17   图 2-18   图 2-19

（10）选择"钢笔"工具 ✐，在"钢笔"工具"属性"面板"对象"选项卡中，将"笔触"设为白色，"笔触大小"设为 3，在舞台窗口中适当的位置绘制 1 条开放路径，效果如图 2-20 所示。在"钢笔"工具"属性"面板"对象"选项卡中，将"笔触大小"设为 5，在舞台窗口中适当的位置绘制 1 条开放路径，效果如图 2-21 所示。

（11）选择"椭圆"工具 ◯，在"椭圆"工具"属性"面板"工具"选项卡中，将"笔触"设为无，"填充"设为白色，按住 Shift 键的同时，在舞台窗口中适当的位置绘制 1 个圆形，效果如图 2-22 所示。

（12）单击"时间轴"面板上方的"新建图层"按钮 ⊞，创建一个新图层并将其命名为"按钮"。选择"多角星形"工具 ◯，在"多角星形"工具"属性"面板"工具"选项卡中，将"笔触"设为黑色，"填充"设为蓝色（#0066CC），"笔触大小"设为 3，按住 Shift 键的同时，在舞台窗口中绘制 1 个五边形，效果如图 2-23 所示。

图 2-20　　　　　　图 2-21　　　　　　图 2-22　　　　　　图 2-23

（13）选择"选择"工具 ▶，在舞台窗口中选中图 2-24 所示的五边形，在绘制对象"属性"面板"对象"选项卡中，将"宽"设为 20，"高"设为 19，"X"设为 88，"Y"设为 208，效果如图 2-25 所示。

（14）选择"椭圆"工具 ◯，在"椭圆"工具"属性"面板"工具"选项卡中，将"笔触"设为黑色，"填充"设为蓝色（#0066CC），"笔触大小"设为 3，按住 Shift 键的同时，在舞台窗口中绘制 1 个圆形，效果如图 2-26 所示。

（15）选择"选择"工具 ▶，在舞台窗口中选中图 2-27 所示的圆形，在绘制对象"属性"面板"对象"选项卡中，将"宽"和"高"均设为 17，"X"设为 105，"Y"设为 229，效果如图 2-28 所示。

图 2-24　　　　图 2-25　　　　图 2-26　　　　图 2-27　　　　图 2-28

（16）选择"矩形"工具 ▢，在"矩形"工具"属性"面板"工具"选项卡中，将"笔触"设为黑色，"填充"设为黄色（#FFCC00），"笔触大小"设为 3，在舞台窗口中绘制 1 个矩形，效果如图 2-29 所示。

（17）选择"选择"工具 ▶，在舞台窗口中选中图 2-30 所示的矩形，在绘制对象"属性"面板"对象"选项卡中，将"宽"设为 9.5，"高"设为 29.5，"X"设为 159，"Y"设为 222，效果如图 2-31 所示。

图 2-29　　　　　　　　图 2-30　　　　　　　　图 2-31

（18）保持上一步所创建图形的选取状态，选择"窗口 > 变形"命令，弹出"变形"面板，将"旋转"设为90°，如图2-32所示，单击面板下方的"重制选区和变形"按钮 🔩，将旋转并复制图形，效果如图2-33所示。

（19）选择"选择"工具 ▶，按住 Shift 键的同时，选中需要的图形，如图2-34所示。按 Ctrl+B 组合键，将选中的图形打散，效果如图2-35所示。

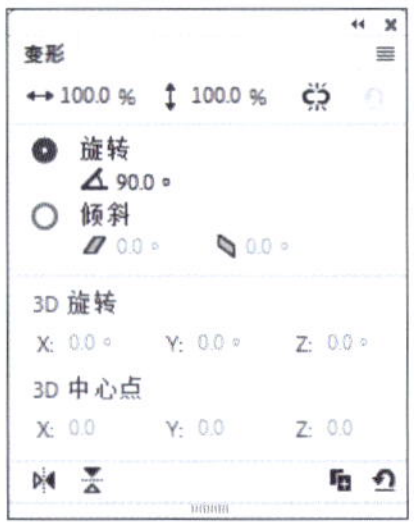

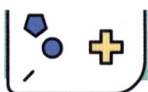

图2-32 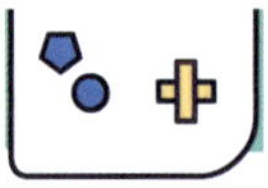   图2-33 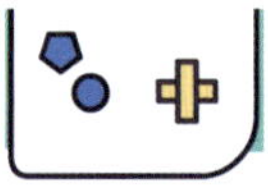   图2-34 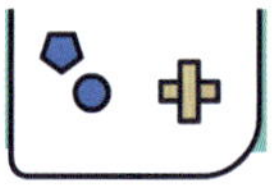   图2-35

（20）按 Esc 键，取消图形的选取，单击需要的轮廓线，将其选中，如图2-36所示。按住 Shift 键的同时，选中需要的轮廓线，如图2-37所示。按 Delete 键，将选中的轮廓线删除，效果如图2-38所示。

图2-36    图2-37    图2-38

（21）单击"时间轴"面板上方的"新建图层"按钮 ⊞，创建一个新图层并将其命名为"装饰"。选择"线条"工具 ∕，在"线条"工具"属性"面板"工具"选项卡中，将"笔触"设为黑色，"笔触大小"设为3，在舞台窗口中适当的位置绘制1条线段，如图2-39所示。

（22）选择"选择"工具 ▶，选中绘制的线段，如图2-40所示。按住 Shift+Alt 组合键的同时，向右拖曳线段到适当的位置并复制图形，效果如图2-41所示。按 Ctrl+Y 组合键，重复复制图形的操作，效果如图2-42所示。

图2-39   图2-40   图2-41   图2-42

（23）单击"时间轴"面板上方的"新建图层"按钮 ⊞，创建一个新图层并将其命名为"星星"。选择"多角星形"工具 ⬡，在"多角星形"工具"属性"面板"工具"选项卡中，将"笔触"设为无，"填充"设为黄色（#FFCC00）；在"工具设置"选项组中，将"样式"设为"星形"，"边数"设为5，"星形顶点大小"设为0.8。在舞台窗口中绘制出多个大小不同的星星，效果如图2-43所示。引导页中的插画绘制完成，按 Ctrl+Enter 组合键即可查看效果。

图2-43

2.1.2 "线条"工具

选择"线条"工具 ∕，在舞台上单击，按住鼠标左键不放并拖曳到合适的位置，绘制出1条直线段，松开鼠标，效果如图2-44所示。在"线条"工具"属性"面板"工具"选项卡中可以设置线条不同的笔触颜色、笔触大小、笔触样式和笔触宽度，如图 2-45 所示。

设置不同的笔触属性后，绘制的线条如图 2-46 所示。

图 2-44 　　　　　　　　图 2-45 　　　　　　　　图 2-46

> **提示**
>
> 选择"线条"工具 / 时，如果按住 Shift 键的同时拖曳鼠标进行绘制，则只能在 45°或 45°的倍数方向上绘制线条，无法为"线条"工具设置填充属性。

2.1.3 "铅笔"工具

选择"铅笔"工具 ✎，在舞台上单击，按住鼠标左键不放，在舞台上拖曳鼠标随意绘制出线条，松开鼠标，线条效果如图 2-47 所示。如果想要绘制出平滑或伸直的线条和形状，可以在工具箱下方的选项区域中为"铅笔"工具选择需要的绘画模式，如图 2-48 所示。

图 2-47 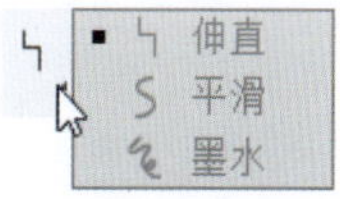　　　　　　　　图 2-48

- "伸直"选项：可以绘制直线；可以将接近三角形、椭圆形、圆形、矩形和正方形的形状转换 为这些常见的几何形状。
- "平滑"选项：可以绘制平滑曲线。
- "墨水"选项：可以绘制不用修改的手绘线条。

可以在"铅笔"工具"属性"面板"工具"选项卡中设置不同的笔触颜色、笔触大小、笔触样式、笔触宽度和铅笔平滑，如图 2-49 所示。设置不同的笔触属性后，绘制的图形如图 2-50 所示。

单击"样式"选项右侧的"样式选项"按钮 ⋯，在弹出的菜单中选择"编辑笔触样式"命令，弹出"笔触样式"对话框，如图 2-51 所示，在该对话框中可以自定义笔触样式。

- "4 倍缩放"选项：可以放大 4 倍预览设置不同选项后所产生的效果。
- "粗细"选项：可以设置线条的粗细。

图 2-49

- "锐化转角"选项：勾选此复选框可以使线条的转折效果变得明显。
- "类型"选项：可以在下拉列表中选择线条的类型。

图 2-50

图 2-51

2.1.4 "椭圆"工具

选择"椭圆"工具 ⬭，在舞台上单击，按住鼠标左键不放，向合适的位置拖曳鼠标绘制出椭圆形，松开鼠标，图形效果如图 2-52 所示。按住 Shift 键的同时绘制椭圆形，可以绘制出圆形，效果如图 2-53 所示。

可以在"椭圆"工具"属性"面板"工具"选项卡中设置不同的笔触颜色、笔触大小、笔触样式、笔触宽度和填充颜色，如图 2-54 所示。设置不同的笔触属性和填充颜色后，绘制的图形如图 2-55 所示。

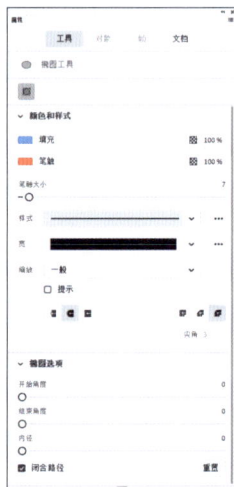

图 2-52   图 2-53   图 2-54   图 2-55

2.1.5 "基本椭圆"工具

"基本椭圆"工具 ⬭ 的使用方法和功能与"椭圆"工具 ⬭ 相同，唯一的区别在于"椭圆"工具 ⬭ 必须要先设置属性，然后再绘制，并且绘制好之后不可以再次更改属性；而"基本椭圆"工具 ⬭ 在绘制前设置属性和绘制后设置属性都是可以的。

2.1.6 "画笔"工具

1. 使用填充颜色绘制

选择"传统画笔"工具 ✐ ，在舞台上单击，按住鼠标左键不放，拖曳鼠标随意绘制出图形，松开鼠标，图形效果如图 2-56 所示。可以在"画笔"工具"属性"面板中设置不同的填充颜色和笔触平滑度，如图 2-57 所示。

在"画笔"工具"属性"面板"工具"选项卡中有"画笔类型"选项 ● 和"画笔大小"选项，可以设置画笔不同的形状与大小。设置不同的画笔形状后所绘制的笔触效果如图 2-58 所示。

图 2-56 　　　　　　　　图 2-57 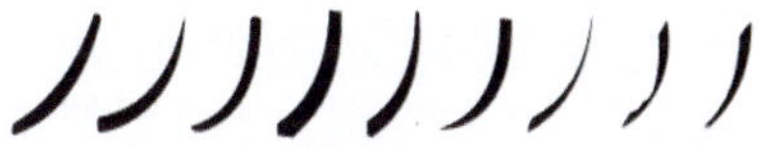　　　　　　　　图 2-58

系统在工具箱的下方提供了 5 种刷子的模式可供选择，如图 2-59 所示。

- "标准绘画"模式：在同一层的线条和填充上以覆盖的方式涂色。
- "颜料填充"模式：对填充区域和空白区域涂色，其他部分（如边框线）不受影响。
- "后面绘画"模式：在舞台上同一层的空白区域涂色，但不影响原有的线条和填充。
- "颜料选择"模式：在选定的区域内进行涂色，未被选中的区域不能够涂色。
- "内部绘画"模式：在内部填充上绘图，但不影响线条。如果在空白区域中涂色，该填充不会影响任何现有填充区域。

应用不同模式的刷子绘制出的效果如图 2-60 所示。

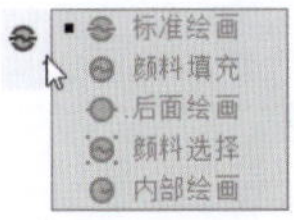

标准绘画　　　颜料填充　　　后面绘画　　　颜料选择　　　内部绘画

图 2-59 　　　　　　　　　　　图 2-60

- "锁定填充"按钮 ⬛：先为画笔选择径向渐变色彩。当没有单击此按钮时，用画笔绘制线条，每个线条都有自己完整的渐变过程，线条与线条之间不会互相影响，如图 2-61 所示；当单击此按钮后，线条颜色的渐变过程形成一个固定的区域，在这个区域内，刷子绘制到的地方，就会显示出相应的色彩，如图 2-62 所示。

图 2-61　　　　　　　　　　　图 2-62

在使用"刷子"工具涂色时，可以使用导入的位图作为填充。

将云盘中的"基础素材 >Ch02>02"文件导入"库"面板，如图 2-63 所示。选择"窗口 > 颜色"命令，弹出"颜色"面板，单击"填充颜色"按钮 ，将"颜色类型"设为"位图填充"，用刚才导入的位图作为填充图案，如图 2-64 所示。选择"传统画笔"工具 ，在窗口中随意绘制一些笔触，效果如图 2-65 所示。

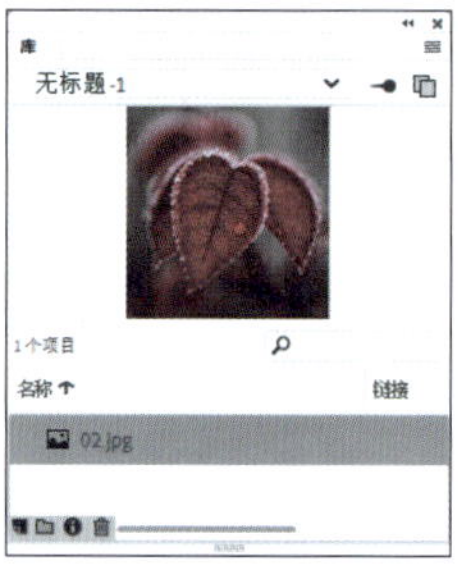

图 2-63

图 2-64

图 2-65

2. 使用笔触颜色绘制

选择"画笔"工具 ，在舞台上单击，按住鼠标左键不放，拖曳鼠标随意绘制出图形，松开鼠标，图形效果如图 2-66 所示。可以在"画笔"工具"属性"面板"工具"选项卡中设置不同的填充颜色和笔触平滑度，如图 2-67 所示。

设置不同的画笔形状和填充颜色后所绘制的笔触效果如图 2-68 所示。

图 2-66

图 2-67

图 2-68

2.1.7 "矩形"工具

选择"矩形"工具 ，在舞台上单击，按住鼠标左键不放，向合适的位置拖曳鼠标，绘制出矩形，松开鼠标，效果如图 2-69 所示。按住 Shift 键的同时绘制矩形，可以绘制出正方形，如图 2-70 所示。

可以在"矩形"工具"属性"面板"工具"选项卡中设置不同的笔触颜色、笔触大小、笔触样式、笔触宽度和填充颜色，如图 2-71 所示。设置不同的笔触属性和填充颜色后，绘制的图形如图 2-72 所示。

图 2-69　　　　　图 2-70　　　　　　　　图 2-71　　　　　　　　　　图 2-72

可以应用"矩形"工具绘制圆角矩形。选择"属性"面板"工具"选项卡，在"矩形选项"选项组中，可以通过"矩形边角半径"按钮 □ 和"单个矩形边角半径"按钮 ⟳ 来设置圆角，如图 2-73 和图 2-74 所示。输入的数值不同，绘制出的圆角矩形也相应地不同，效果如图 2-75 所示。

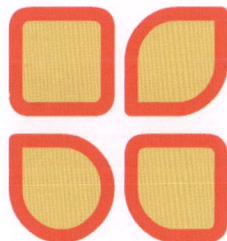

图 2-73　　　　　　　　　　图 2-74　　　　　　　　　　图 2-75

2.1.8　"基本矩形"工具

"基本矩形"工具 的使用方法和功能与"矩形"工具 相同，唯一的区别在于"矩形"工具 必须要先设置矩形属性，然后再绘制，并且绘制好之后不可以更改矩形属性。而"基本矩形"工具 在绘制前设置属性和绘制后设置属性都是可以的。

2.1.9　"多角星形"工具

应用"多角星形"工具可以绘制出不同样式的多边形和星形。选择"多角星形"工具 ，在舞台上单击并按住鼠标左键不放，向合适的位置拖曳鼠标，绘制出多边形，松开鼠标，多边形效果如图 2-76 所示。

可以在"多角星形"工具"属性"面板"工具"选项卡中设置不同的笔触颜色、笔触大小、笔触样式、笔触宽度和填充颜色，如图 2-77 所示。设置不同的边框属性和填充颜色后，绘制的图形如图 2-78 所示。

在"属性"面板"工具"选项卡"工具选项"选项组中可以设置多边形或星形，如图 2-77 所示，可以自定义多边形的各种属性。

● "样式"选项：在此选项中选择绘制多边形或星形。

- "边数"选项：设置多边形的边数，取值范围为 3 ～ 32。
- "星形顶点大小"选项：输入一个 0 ～ 1 的数值以指定星形顶点的深度。此数值越接近 0，创建的顶点就越深。此选项在多 边形形状绘制中不起作用。

设置不同的属性后，绘制出的多边形和星形也相应地不同，如图 2-79 所示。

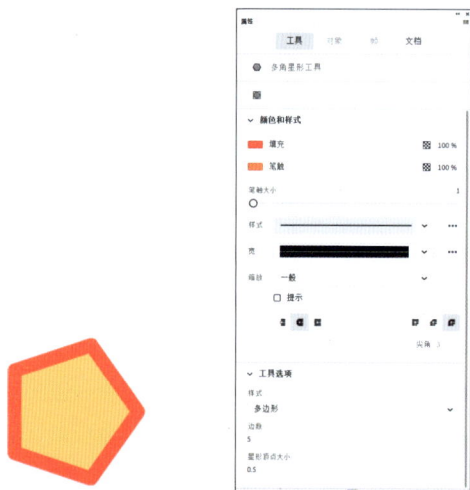

图 2-76   图 2-77   图 2-78   图 2-79

2.1.10 "钢笔"工具

选择"钢笔"工具 ，将鼠标指针放置在舞台上准备绘制曲线的起始位置，然后单击鼠标，此时出现第一个锚点，如图 2-80 所示。将鼠标指针放置在想要绘制的第二个锚点的位置，单击鼠标，绘制出 1 条直线段，如图 2-81 所示。如果在第二个锚点的位置按住鼠标左键不放并向其他方向拖曳，可将直线转换为曲线，如图 2-82 所示。松开鼠标，1 条曲线绘制完成，如图 2-83 所示。

图 2-80   图 2-81   图 2-82   图 2-83

用相同的方法可以绘制出由多条曲线段组合而成的不同样式的曲线，如图 2-84 所示。

在绘制线段时，如果按住 Shift 键的同时进行绘制，绘制出的线段将被限制为倾斜角度为 45° 的倍数，如图 2-85 所示。

在使用"钢笔"工具 绘制图形时还需要配合使用"添加锚点"工具 、"删除锚点"工具 和"转换锚点"工具 。

选择"添加锚点"工具 ，将鼠标指针放置在线段需要添加锚点的位置，当鼠标指针变为 时，如图 2-86 所示，单击鼠标左键就会增加一个节点，增加节点有助于更精确地调整线段。增加节点后效果如图 2-87 所示。

图 2-84   图 2-85   图 2-86   图 2-87

选择"删除锚点"工具 ✎，将鼠标指针放置在需要删除的锚点上，当鼠标指针变为 ▶_ 时，如图 2-88 所示，单击鼠标左键就会将这个锚点删除。删除锚点后效果如图 2-89 所示。

选择"转换锚点"工具 ▶，将鼠标指针放置在需要转换的锚点上，当鼠标指针变为 ▶ 时，如图 2-90 所示，单击鼠标左键就会将这个锚点从曲线锚点转换为直线锚点。转换锚点后效果如图 2-91 所示。

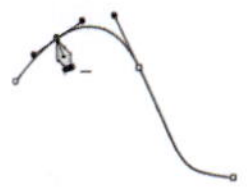

| 图 2-88 | 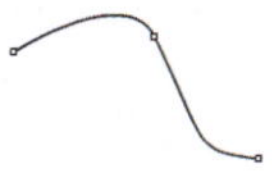 图 2-89 |  图 2-90 | 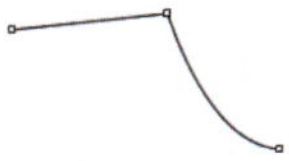 图 2-91 |

> **提示**
>
> 当选择"钢笔"工具 ✎ 绘画时，若在用"铅笔""刷子""线条""椭圆""矩形"工具创建的对象上单击，就可以调整对象的节点，以改变这些对象的形状。

2.1.11 "选择"工具

选择"选择"工具 ▶，工具箱下方将出现图 2-92 所示的按钮，利用这些按钮可以完成以下工作。

图 2-92

- "平滑"按钮 S：可以柔化选择的曲线条。当选中对象时，此按钮变为可用。
- "伸直"按钮 ⌐：可以锐化选择的曲线条。当选中对象时，此按钮变为可用。

1. 选择对象

选择"选择"工具 ▶，在舞台中的对象上单击进行选择，如图 2-93 所示。按住 Shift 键，再选择对象，可以同时选中多个对象，如图 2-94 所示。在舞台中拖曳鼠标绘制出一个矩形可以框选所有对象，如图 2-95 所示。

| 图 2-93 | 图 2-94 | 图 2-95 |

2. 移动和复制对象

选择"选择"工具 ▶，选中对象，如图 2-96 所示。按住鼠标左键不放，直接拖曳对象到任意位置，如图 2-97 所示。

选择"选择"工具 ▶，选中对象，按住 Alt 键，拖曳选中的对象到任意位置，选中的对象将被复制，如图 2-98 所示。

3. 调整矢量线条和色块

选择"选择"工具 ▶，将鼠标指针移至对象，鼠标指针下方出现圆弧 ▶，如图 2-99 所示。拖曳鼠标，可对选中的线条和色块进行调整，如图 2-100 所示。

图 2-96　　　　图 2-97　　　　图 2-98　　　　图 2-99　　　　图 2-100

2.1.12　"部分选取"工具

选择"部分选取"工具▷，在对象的外轮廓线上单击，对象上出现多个节点，如图 2-101 所示。拖曳节点来调整控制线的长度和斜率，从而改变对象的曲线形状，如图 2-102 所示。

> **提示**
>
> 若想增加图形上的节点，可用"钢笔"工具 ✏ 在图形上单击来完成。

在改变对象的形状时，"部分选取"工具▷的鼠标指针会产生不同的变化，其表示的含义也不同。

- 带黑色方块的鼠标指针▶▪：当鼠标指针放置在节点以外的线段上时，鼠标指针变为▶▪，如图 2-103 所示，这时，可以移动对象到其他位置，如图 2-104 和图 2-105 所示。

图 2-101　　　　图 2-102　　　　图 2-103　　　　图 2-104　　　　图 2-105

- 带白色方块的鼠标指针▶▫：当鼠标指针放置在节点上时，鼠标指针变为▶▫，如图 2-106 所示，这时，可以移动单个节点到其他位置，从而改变对象的形状，如图 2-107 和图 2-108 所示。
- 变为小箭头的鼠标指针▶：当鼠标指针放置在节点调节手柄的尽头时，鼠标指针变为▶，如图 2-109 所示。这时，可以调节与该节点相连的线段的弯曲度，从而改变对象的形状，如图 2-110 和图 2-111 所示。

> **提示**
>
> 在调整节点的手柄时，调整一个手柄，另一个相对的手柄也会随之发生变化。如果只想调整其中的一个手柄，按住 Alt 键再进行调整即可。

图 2-106　　　图 2-107　　　图 2-108　　　图 2-109　　　图 2-110　　　图 2-111

可以将直线节点转换为曲线节点，并进行弯曲度调节。选择"部分选取"工具▷，在对象的外轮廓线上单击，对象上将显示出节点，如图 2-112 所示。单击要转换的节点，节点从空心变为实心，表示可编辑，如图 2-113 所示。

　　按住 Alt 键，用鼠标将节点向外拖曳，节点将增加两个可调节手柄，如图 2-114 所示。应用调节手柄可调节线段的弯曲度，如图 2-115 所示。

图 2-112　　　　　　　图 2-113　　　　　　　图 2-114　　　　　　　图 2-115

2.1.13　"套索"工具

　　选择"套索"工具 ♀，在场景中导入一幅位图，按 Ctrl+B 组合键，将位图打散。按住并拖曳鼠标在位图上任意勾画想要的区域，形成一个封闭的选区，如图 2-116 所示。松开鼠标，选区中的图像将被选中，如图 2-117 所示。

图 2-116　　　　　　　　　　　　　　　图 2-117

2.1.14　"多边形"工具

　　选择"多边形"工具 ♀，在场景中导入一幅位图，按 Ctrl+B 组合键，将位图打散。用鼠标沿字母"A"的边缘进行绘制，如图 2-118 所示。双击结束"多边形"工具的绘制，绘制的区域将被选中，如图 2-119 所示。

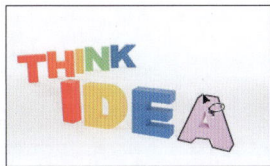

图 2-118　　　　　　　　　　　　　　　图 2-119

2.1.15　"魔术棒"工具

　　选择"魔术棒"工具 ✗，在场景中导入一幅位图，按 Ctrl+B 组合键，将位图打散。将鼠标放置在位图上，当鼠标指针变为 ✖ 时，在要选择的位图上单击，如图 2-120 所示。与鼠标单击点颜色相近的图像区域将被选中，如图 2-121 所示。

图 2-120　　　　　　　　　　　　　　　图 2-121

可以在"魔术棒"工具"属性"面板"工具"选项卡中设置不同的阈值和平滑度，如图 2-122 所示。设置不同的数值，所产生的效果也不相同，如图 2-123 和图 2-124 所示。

图 2-122

阈值为 10 时选取图像的区域

图 2-123

阈值为 30 时选取图像的区域

图 2-124

2.2 图形的编辑

使用"图形编辑"工具可以改变图形的色彩、线条、形态等属性，可以创建充满变化的图形效果。

2.2.1 课堂案例——绘制卡通太空插画

案例学习目标

使用不同的填充工具绘制卡通太空插画。

案例知识要点

使用"颜料桶"工具、工具箱来完成卡通太空插画的绘制，效果如图 2-125 所示。

效果所在位置

云盘 /Ch02/ 效果 / 绘制卡通太空插画 .fla。

（1）选择"文件 > 打开"命令，在弹出的"打开"对话框中，选择云盘中的"Ch02> 素材 > 绘制卡通太空插画 >01"文件，单击"打开"按钮，将其打开，如图 2-126 所示。

图 2-125

图 2-126

微课视频

绘制卡通
太空插画

扩展案例

绘制网络公司
网页标志

（2）选择"窗口 > 颜色"命令，弹出"颜色"面板，单击"笔触颜色"按钮，将其设为无，单击"填充颜色"按钮，将其设为红色（#DE312A）。

（3）选择"颜料桶"工具，将鼠标指针放置在图 2-127 所示的轮廓线上，单击为轮廓线内图形填充颜色，效果如图 2-128 所示。

（4）在工具箱中将"填充颜色"设为褐色（#674A4B），将鼠标指针放置在图 2-129 所示的轮廓线上，单击为轮廓线内图形填充颜色，效果如图 2-130 所示。用相同的方法为其他轮廓线内图形填充褐色（#674A4B），效果如图 2-131 所示。

图 2-127   图 2-128   图 2-129   图 2-130

（5）在工具箱中将"填充颜色"设为褐色（# 5B4142），将鼠标指针放置在图 2-132 所示的轮廓线上，单击为轮廓线内图形填充颜色，效果如图 2-133 所示。用相同的方法为其他轮廓线内图形填充褐色（# 5B4142），效果如图 2-134 所示。

图 2-131   图 2-132   图 2-133   图 2-134

（6）选择"选择"工具▶，选中图 2-135 所示的轮廓线，在工具箱中将"填充颜色"设为黄色（#F5D32B），效果如图 2-136 所示。选择"选择"工具▶，选中图 2-137 所示的轮廓线，在工具箱中将"填充颜色"设为橘红色（#E16045），效果如图 2-138 所示。

图 2-135   图 2-136   图 2-137   图 2-138

（7）选择"选择"工具▶，选中图 2-139 所示的轮廓线，在工具箱中将"填充颜色"设为白色，效果如图 2-140 所示。选择"选择"工具▶，选中图 2-141 所示的轮廓线，在工具箱中将"填充颜色"设为红色（#DE312A），效果如图 2-142 所示。

图 2-139   图 2-140   图 2-141   图 2-142

（8）在"时间轴"面板中单击"小火箭"图层，将该图层中的对象全部选中，如图 2-143 所示。选择"选择"工具▶，按住 Shift 键的同时，在舞台窗口中单击小火箭图形上的两个圆形，将其取消选择，效果如图 2-144 所示。在"颜色"面板中，单击"笔触颜色"按钮✏️ ■，将其设置为无，效果如图 2-145 所示。

图 2-143　　　　　　　　图 2-144　　　　　　　　图 2-145

（9）选择"选择"工具▶，选中图 2-146 所示的圆形轮廓线，在形状"属性"面板"对象"选项卡中，设置"填充"为褐色（#403833），"描边颜色"为白色，"笔触大小"为 6，效果如图 2-147 所示。

（10）选择"选择"工具▶，选中图 2-148 所示的圆形轮廓线，在形状"属性"面板"对象"选项卡中，设置"填充"为深灰色（#223228），"描边颜色"为白色，"笔触大小"为 6，效果如图 2-149 所示。卡通太空插画绘制完成。

图 2-146　　　　　　图 2-147　　　　　　图 2-148　　　　　　图 2-149

2.2.2　"墨水瓶"工具

使用"墨水瓶"工具可以修改矢量图形的轮廓线。

打开云盘中的"基础素材 >Ch02>09"文件，如图 2-150 所示。选择"墨水瓶"工具，在"属性"面板"工具"选项卡中设置笔触颜色、笔触大小、笔触样式以及笔触宽度，如图 2-151 所示。

图 2-150

图 2-151

当鼠标指针变为时，在图形上单击，为图形增加设置好的轮廓线，如图 2-152 所示。在"属性"面板中设置不同的属性，所绘制的轮廓线效果也不同，如图 2-153 所示。

图 2-152

图 2-153

2.2.3 "颜料桶"工具

打开云盘中的"基础素材 >Ch02>10"文件,如图 2-154 所示。选择"颜料桶"工具 🖢 ,在其"属性"面板"工具"选项卡中,将"填充"设为绿色(#99CC33),如图 2-155 所示。在线框内单击,线框内被填充颜色,如图 2-156 所示。

在工具箱的下方系统设置了 4 种填充模式可供选择,如图 2-157 所示。

图 2-154

图 2-155

图 2-156

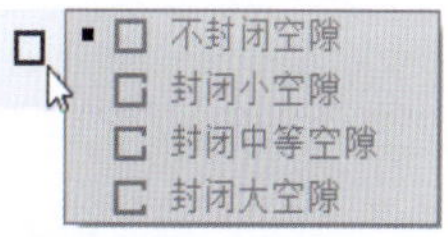

图 2-157

- "不封闭空隙"模式:选择此模式后,只有在完全封闭的区域,颜色才能被填充。
- "封闭小空隙"模式:选择此模式后,当轮廓线上存在小空隙时,允许填充颜色。
- "封闭中等空隙"模式:选择此模式后,当轮廓线上存在中等空隙时,允许填充颜色。
- "封闭大空隙"模式:选择此模式后,当轮廓线上存在大空隙时,允许填充颜色;如果空隙是小空隙或是中等空隙,也可以填充颜色。

根据线框空隙的大小,应用不同的模式进行填充,效果如图 2-158 所示。

不封闭空隙模式　　封闭小空隙模式　　封闭中等空隙模式　　封闭大空隙模式

图 2-158

- "锁定填充"按钮 🔳 :可以对填充颜色进行锁定,锁定后填充颜色不能被更改。

没有单击此按钮时,填充颜色可以根据需要进行变更,如图 2-159 所示。

单击此按钮后,鼠标指针放置在填充颜色上,鼠标指针变为 🖢 ,填充颜色被锁定,不能随意变更,如图 2-160 所示。

图 2-159

图 2-160

2.2.4　"宽度"工具

使用"宽度"工具可以修改笔触大小，还可以将调整后的笔触保存为样式，以便应用于其他图形。

选择"线条"工具／，在舞台窗口中绘制一条线段，如图 2-161 所示。选择"宽度"工具 ，将鼠标指针放置在轮廓线上。鼠标指针变为 时，如图 2-162 所示，单击并拖曳鼠标，更改笔触的宽度，如图 2-163 所示，松开鼠标，效果如图 2-164 所示。用相同的方法在其他位置拖曳鼠标更改笔触宽度，效果如图 2-165 所示。

图 2-161　　　　图 2-162　　　　图 2-163　　　　图 2-164　　　　图 2-165

2.2.5　"滴管"工具

使用"滴管"工具可以吸取矢量图形的线型和色彩，然后利用"颜料桶"工具，快速修改其他矢量图形内部的填充色；也可以利用"墨水瓶"工具，快速修改其他矢量图形的边框颜色及线型。

1. 吸取填充色

打开云盘中的"基础素材 >Ch02>11"文件，如图 2-166 所示。选择"滴管"工具 ，将鼠标指针放在左边图形的填充色上，鼠标指针变为 时，在填充色上单击，即可吸取填充色样本，如图 2-167 所示。

单击后，鼠标指针变为 ，表示填充色被锁定。在工具箱的下方，取消对"锁定填充"按钮 的选取，鼠标指针变为 ，在右边图形的填充色上单击，图形的颜色即被修改，效果如图 2-168 所示。

2. 吸取边框属性

选择"滴管"工具 ，将鼠标指针放在右边图形的边框上，鼠标指针变为 ，在边框上单击，吸取边框样本，如图 2-169 所示。单击后，鼠标指针变为 ，在左边图形的外边框上单击，为图形添加轮廓线，效果如图 2-170 所示。

图 2-166　　　　图 2-167　　　　图 2-168　　　　图 2-169　　　　图 2-170

3. 吸取位图图案

"滴管"工具可以吸取外部引入的位图图案。导入云盘中的"基础素材 >Ch02>12"文件，如图 2-171 所示。按 Ctrl+B 组合键，将其打散。绘制一个椭圆形，如图 2-172 所示。

选择"滴管"工具 🖊️，将鼠标指针放在位图上，鼠标指针变为 🖌️，单击吸取图案样本，如图 2-173 所示。单击后，鼠标指针变为 🪣，在椭圆形上单击，图案被填充，效果如图 2-174 所示。

图 2-171   图 2-172   图 2-173   图 2-174

选择"渐变变形"工具 ▱，单击填充了图案样本的椭圆形，出现控制点，如图 2-175 所示。按住 Shift 键，将左下方的控制点向中心拖曳，如图 2-176 所示。填充图案变小，效果如图 2-177 所示。

图 2-175   图 2-176   图 2-177

4. 吸取文字颜色

"滴管"工具可以吸取文字的颜色。选择要修改的目标文字，如图 2-178 所示。选择"滴管"工具 🖊️，将鼠标指针放在源文字上，鼠标指针变为 🖌️，如图 2-179 所示。在源文字上单击，源文字的文字属性就被应用到了目标文字上，效果如图 2-180 所示。

图 2-178   图 2-179   图 2-180

2.2.6 "橡皮擦"工具

打开云盘中的"基础素材 >Ch02>13"文件，如图 2-181 所示。选择"橡皮擦"工具 ◈，在图形上想要删除的地方单击并拖曳鼠标，图形被擦除，效果如图 2-182 所示。在"属性"面板"工具"选项卡中，单击"橡皮擦类型"按钮 ⬤，在弹出的菜单中可以选择橡皮擦的形状，"大小"选项可以设置橡皮擦的大小。

如果想得到特殊的擦除效果，系统在工具箱的下方设置了 5 种擦除模式可供选择，如图 2-183 所示。

图 2-181   图 2-182   图 2-183

- "标准擦除"模式：擦除同一层的线条和填充。选择此模式擦除图形的前后对照效果如图 2-184 所示。
- "擦除填色"模式：仅擦除填充区域，其他部分（如边框线）不受影响。选择此模式擦除图形的前后对照效果如图 2-185 所示。

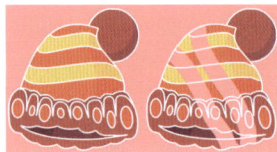

图 2-184　　　　　　　　　　　　　图 2-185

- "擦除线条"模式：仅擦除图形的线条部分，而不影响其填充部分。选择此模式擦除图形的前后对照效果如图 2-186 所示。
- "擦除所选填充"模式：仅擦除已经选择的填充部分，而不影响其他未被选择的部分。（如果场景中没有任何填充被选择，那么该擦除命令无效。）选择此模式擦除图形的前后对照效果如图 2-187 所示。
- "内部擦除"模式：仅擦除起点所在的填充区域部分，而不影响线条填充区域外的部分。选择此模式擦除图形的前后对照效果如图 2-188 所示。

图 2-186　　　　　　　　　图 2-187　　　　　　　　　图 2-188

要想快速删除舞台上的所有对象，双击"橡皮擦"工具 ◆ 即可。

要想删除矢量图形上的线段或填充区域，先选择"橡皮擦"工具 ◆，再单击"属性"面板"工具"选项卡中的"水龙头"按钮 ⏚，然后单击舞台上想要删除的线段或填充区域即可，效果如图 2-189 和图 2-190 所示。

图 2-189　　　　　　　　　　　　　图 2-190

> **提示**　　导入的位图和文字不是矢量图形，不能擦除它们的部分或全部，必须先选择"修改 >分离"命令，将它们分离成矢量图形，才能使用"橡皮擦"工具擦除它们的部分或全部。

2.2.7　"任意变形"工具和"渐变变形"工具

在制作图形的过程中，可以应用"任意变形"工具来改变图形的大小及倾斜度，也可以应用"渐变变形"工具改变图形中渐变填充颜色的渐变效果。

1. "任意变形"工具

打开云盘中的"基础素材 >Ch02>14"文件。选择"任意变形"工具 ⬚，选中要变形的图形，在图形的周围出现控制点，如图 2-191 所示。拖曳控制点改变图形的大小，效果如图 2-192 和图 2-193 所示。（按住 Shift 键，再拖曳控制点，可成比例地缩放图形。）

图 2-191　　　　　　　　　　图 2-192　　　　　　　　　　图 2-193

在鼠标指针位于 4 个角的控制点上时变为 ，如图 2-194 所示。拖曳鼠标旋转图形，效果如图 2-195 和图 2-196 所示。

系统在工具箱的下方设置了 4 种变形模式供选择，如图 2-197 所示。

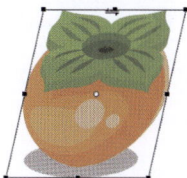　　　

图 2-194　　　　　　图 2-195　　　　　　图 2-196　　　　　　图 2-197

- "旋转与倾斜"模式 ：选中图形，选择"旋转与倾斜"模式，将鼠标指针放在图形上方中间的控制点上，鼠标指针变为 ；按住鼠标左键不放，向右水平拖曳控制点，如图 2-198 所示；松开鼠标，图形倾斜，效果如图 2-199 所示。

- "缩放"模式 ：选中图形，选择"缩放"模式，将鼠标指针放在图形右上方的控制点上，鼠标指针变为 ；按住鼠标左键不放，向左下方拖曳控制点，如图 2-200 所示；松开鼠标，图形变小，效果如图 2-201 所示。

图 2-198　　　　　　图 2-199　　　　　　图 2-200　　　　　　图 2-201

- "扭曲"模式 ：选中图形，选择"扭曲"模式，将鼠标指针放在图形右上方的控制点上，鼠标指针变为 ；按住鼠标左键不放，向左下方拖曳控制点，如图 2-202 所示；松开鼠标，图形扭曲，效果如图 2-203 所示。

- "封套"模式 ：选中图形，选择"封套"模式，图形周围出现一些节点，调节这些节点来改变图形的形状；将鼠标放在节点上，鼠标指针变为 ；拖曳节点，如图 2-204 所示；松开鼠标，图形变形，效果如图 2-205 所示。

图 2-202　　　　　　图 2-203　　　　　　图 2-204　　　　　　图 2-205

2. "渐变变形"工具

使用"渐变变形"工具可以改变选中图形的填充渐变效果。当图形填充色为线性渐变色时，选择"渐变变形"工具▣，用鼠标单击图形，出现 3 个控制点和 2 条平行线，如图 2-206 所示。向图形中间拖曳方形控制点，使渐变区域缩小，如图 2-207 所示，效果如图 2-208 所示。

将鼠标指针放置在旋转控制点上，鼠标指针变为↻；拖曳旋转控制点来改变渐变区域的角度，如图 2-209 所示，效果如图 2-210 所示。

当图形填充色为径向渐变色时，选择"渐变变形"工具▣，用鼠标单击图形，出现 4 个控制点和 1 个圆形外框，如图 2-211 所示。向图形内侧水平拖曳方形控制点，渐变区域被水平拉伸，如图 2-212 所示，效果如图 2-213 所示。

图 2-206　　　　　图 2-207　　　　　图 2-208　　　　　图 2-209

图 2-210　　　　　图 2-211　　　　　图 2-212　　　　　图 2-213

将鼠标指针放置在圆形边框中间的圆形控制点上，鼠标指针变为▸⊙；向图形内部拖曳圆形控制点，缩小渐变区域，如图 2-214 所示，效果如图 2-215 所示。将鼠标指针放置在圆形边框外侧的圆形控制点上，鼠标指针变为↻；向上旋转拖曳控制点，改变渐变区域的角度，如图 2-216 所示，效果如图 2-217 所示。

图 2-214　　　　　图 2-215　　　　　图 2-216　　　　　图 2-217

> **提示**　移动中心控制点可以改变渐变区域的位置。

2.2.8 "手形"工具和"缩放"工具

"手形"工具和"缩放"工具都是辅助工具，它们本身并不直接创建和修改图形，而只是在创建和修改图形的过程中辅助用户进行操作。

1. "手形"工具

如果图形很大或被放大得很大，那么需要利用"手形"工具🖐来调整观察区域。选择"手形"工具🖐，鼠标指针变为手形，按住鼠标左键不放，拖曳图像到需要的位置，如图 2-218 所示。

当使用其他工具时，按"空格"键即可切换到"手形"工具 ✋。双击"手形"工具 ✋，将自动调整图像大小以适应屏幕的显示范围。

图 2-218

2."缩放"工具

利用"缩放"工具可以放大图形以便观察细节，或缩小图形以便观看整体效果。选择"缩放"工具 🔍，在舞台上单击可放大图形，如图 2-219 所示。

要想放大图像中的局部区域，可在图像上按住并拖曳鼠标绘制出一个矩形选框，如图 2-220 所示；松开鼠标后，所选取的局部图像被放大，如图 2-221 所示。

选中工具箱下方的"缩小"按钮 🔍，在舞台上单击可缩小图像，如图 2-222 所示。

图 2-219

图 2-220

图 2-221  图 2-222

当使用"放大"按钮 🔍 时，按住 Alt 键的同时单击也可缩小图形。双击"缩小"按钮 🔍，可以使场景恢复到 100% 的显示比例。

2.3　图形的色彩

根据设计的要求，可以应用"纯色编辑"面板、"颜色"面板、"样本"面板来设置所需要的纯色、渐变色、颜色样本等。

2.3.1　课堂案例——绘制引导页中的商店

案例学习目标

使用"任意变形"工具缩放图形，使用"颜色"面板设置图形的颜色。

案例知识要点

使用"选择"工具、"颜料桶"工具、"颜色"面板和"渐变变形"工具，来完成引导页中的商店绘制，效果如图 2-223 所示。

效果所在位置

云盘 /Ch02/ 效果 / 绘制引导页中的商店 .fla。

（1）选择"文件 > 打开"命令，在弹出的"打开"对话框中，选择云盘中的"Ch02> 素材 > 绘制引导页中的商店 >01"文件，单击"打开"按钮，打开文件，如图 2-224 所示。

微课视频　　　　　　扩展案例

绘制引导页　　　　绘制卡通
中的商店　　　　　　小鸟

图 2-223　　　　　　　　图 2-224

（2）选择"选择"工具▶，选中图 2-225 所示的图形，在工具箱中将"填充颜色"设为深红色（#C0131C），"笔触颜色"设为无，效果如图 2-226 所示。用相同的方法制作出图 2-227 所示的效果。

（3）选中图 2-228 所示的图形，在工具箱中将"填充颜色"设为橘黄色（#FF9900），"笔触颜色"设为无，效果如图 2-229 所示。

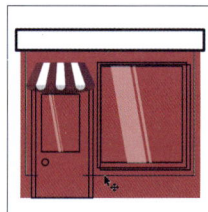

图 2-225　　　　　　图 2-226　　　　　　图 2-227　　　　　　图 2-228

（4）选中图 2-230 所示的图形，在工具箱中将"填充颜色"设为白色，"笔触颜色"设为无，效果如图 2-231 所示。用相同的方法制作出图 2-232 所示的效果。

 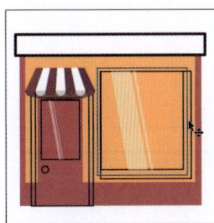 

| 图 2-229 | 图 2-230 | 图 2-231 | 图 2-232 |

（5）选中图 2-233 所示的图形，在工具箱中将"填充颜色"设为黑色，"Alpha"选项设为 50%，效果如图 2-234 所示。用相同的方法制作出图 2-235 所示的效果。

| 图 2-233 | 图 2-234 | 图 2-235 |

（6）选择"窗口＞颜色"命令，弹出"颜色"面板，单击"笔触颜色"按钮 🖊 ▇，将其设为无，单击"填充颜色"按钮 🪣 ▢，在"颜色类型"下拉列表中选择"线性渐变"选项，在色带上将左边的颜色控制点设为红色（#990000），将右边的颜色控制点设为深红色（#660033），生成渐变色，如图 2-236 所示。

（7）选择"颜料桶"工具 🪣，在图 2-237 所示的轮廓线上单击，填充渐变色，效果如图 2-238 所示。

 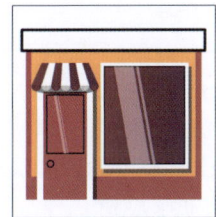

| 图 2-236 | 图 2-237 | 图 2-238 |

（8）选择"选择"工具 ▶，选中刚填充渐变色的矩形，如图 2-239 所示，在工具箱中将"笔触颜色"设为无，效果如图 2-240 所示。用相同的方法制作出图 2-241 所示的效果。

（9）在"颜色"面板中，在"颜色类型"下拉列表中选择"径向渐变"选项，如图 2-242 所示。

选择"颜料桶"工具🪣，在图 2-243 所示的轮廓线上单击，填充渐变色，效果如图 2-244 所示。

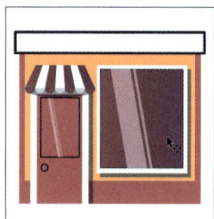

| 图 2-239 | 图 2-240 | 图 2-241 | 图 2-242 |

（10）选择"选择"工具▶，选中刚填充渐变色的圆形，如图 2-245 所示，在工具箱中将"笔触颜色"设为无，效果如图 2-246 所示。

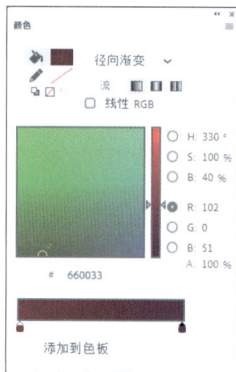

| 图 2-243 | 图 2-244 | 图 2-245 | 图 2-246 |

（11）选择"文件 > 导入 > 导入到库"命令，在弹出的"导入到库"对话框中，选择云盘中的"Ch03> 素材 >2.3.1- 绘制引导页中的商店 >02"文件，如图 2-247 所示，单击"打开"按钮，文件被导入"库"面板中，如图 2-248 所示。

| 图 2-247 | 图 2-248 |

（12）选中图 2-249 所示的图形，调出"颜色"面板，单击"笔触颜色"按钮 🖊 ▮，将其设为红色（#990000），单击"填充颜色"按钮 🪣 □，在"颜色类型"下拉列表中选择"位图填充"选项，导入位图作为填充图案，如图 2-250 所示，效果如图 2-251 所示。

（13）选择"渐变变形"工具▣，在填充图案的矩形上单击，在矩形的周围出现控制框，如图 2-252 所示。将鼠标指针放置在左下方的控制点上，单击鼠标并向左下方拖曳到适当的位置以缩放图案，效果如图 2-253 所示。引导页中的商店绘制完成，按 Ctrl+Enter 组合键即可查看效果。

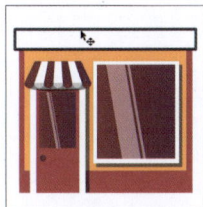

图 2-249　　　　　　　　　　图 2-250　　　　　　　　　　图 2-251

图 2-252　　　　　　　　　　　　　　　　图 2-253

2.3.2　纯色编辑面板

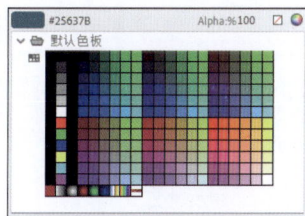

图 2-254

在工具箱的下方单击"填充颜色"按钮，弹出纯色编辑面板，如图 2-254 所示。在面板中可以选择系统设置好的颜色，如想自行设定颜色，单击面板右上方的颜色选择按钮🌐，弹出"颜色选择器"对话框，在对话框左侧的颜色选择区中，可以设置颜色的明度和饱和度。垂直方向表示的是明度的变化，水平方向表示的是饱和度的变化。选择要自定义的颜色，如图 2-255 所示。拖曳选择区右侧的滑块来设定颜色的亮度，如图 2-256 所示。

设定颜色后，可以在对话框右上方的颜色框中预览设定结果，如图 2-257 所示。右下方是所选颜色的明度、亮度、不透明度、RGB 值和十六进制，选择好颜色后，单击"确定"按钮，所选择的颜色将成为工具箱中的填充颜色。

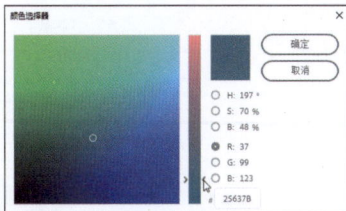

图 2-255　　　　　　　　　　图 2-256

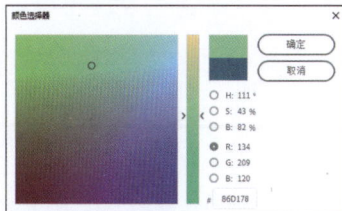

图 2-257

2.3.3　"颜色"面板

选择"窗口 > 颜色"命令，弹出"颜色"面板。

1. 自定义纯色

选择"颜色"面板，在"颜色类型"下拉列表中选择"纯色"选项，面板设置如图 2-258 所示。

- "笔触颜色"按钮 ✎ ■：可以设定矢量线条的颜色。
- "填充颜色"按钮 ◆ □：可以设定填充色。
- "黑白"按钮 ▣：单击此按钮，线条与填充色恢复为系统默认的状态。
- "无色"按钮 ☑：用于取消矢量线条或填充色块的颜色。当选择"椭圆"工具 ⬭ 或"矩形"工具 ▢ 时，此按钮为可用状态。
- "交换颜色"按钮 ▣◆：单击此按钮，可以将线条颜色和填充色互换。
- "H、S、B"和"R、G、B"选项：可以用精确数值来设定颜色。
- "A"选项：用于设定颜色的不透明度，数值选取范围为 0% ~ 100%。

在面板下方的颜色选择区域内，可以根据需要选择相应的颜色。

2. 自定义线性渐变色

选择"颜色"面板，在"颜色类型"下拉列表中选择"线性渐变"选项，如图 2-259 所示。将鼠标指针放置在色带上，鼠标指针变为 ▸₊，如图 2-260 所示，单击增加颜色控制点，并在面板下方为新增加的控制点设定颜色及不透明度，如图 2-261 所示。当要删除控制点时，只需将控制点向色带下方拖曳。

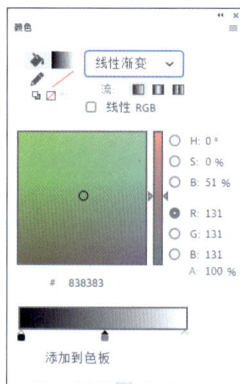

图 2-258　　　　图 2-259　　　　图 2-260　　　　图 2-261

3. 自定义径向渐变色

选择"颜色"面板，在"颜色类型"下拉列表中选择"径向渐变"选项，如图 2-262 所示。用与自定义线性渐变色相同的方法在色带上自定义径向渐变色，设置完成后，在面板的左下方将显示出自定义的渐变色，如图 2-263 所示。

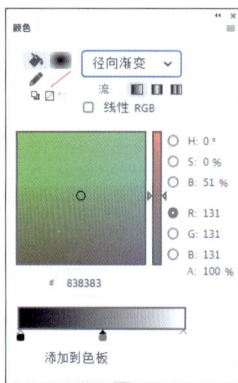
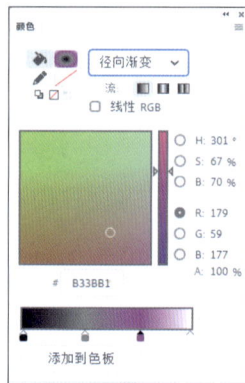

图 2-262　　　　　　　　　　图 2-263

4. 自定义位图填充

选择"颜色"面板，在"颜色类型"下拉列表中选择"位图填充"选项，如图 2-264 所示。弹出"导入到库"对话框，在对话框中选择要导入的图片，如图 2-265 所示。

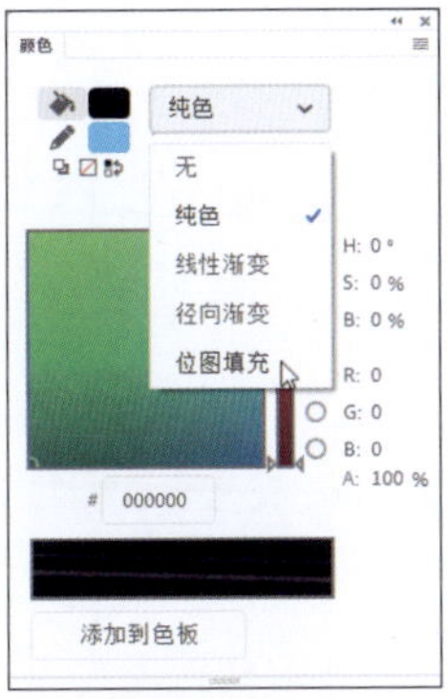

图 2-264

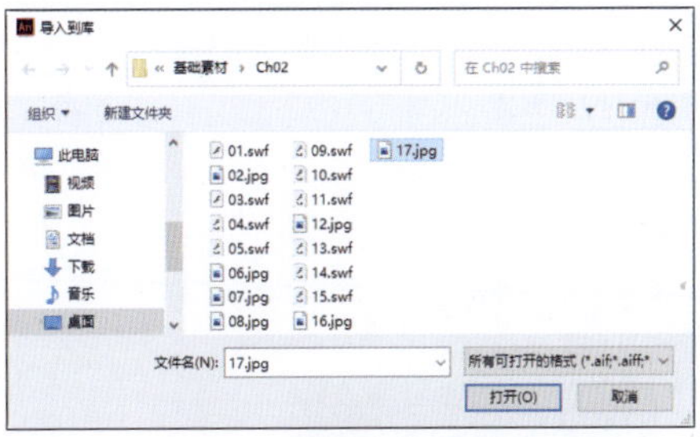

图 2-265

单击对话框"打开"按钮，图片被导入"颜色"面板中，如图 2-266 所示。选择"椭圆"工具 ，在场景中绘制出一个椭圆形，椭圆形被刚才导入的位图所填充，效果如图 2-267 所示。

选择"渐变变形"工具 ，在填充的位图上单击，出现控制点，如图 2-268 所示。向内拖曳左下方的圆形控制点，松开鼠标后效果如图 2-269 所示。

向上拖曳右上方的圆形控制点，改变填充位图的角度，如图 2-270 所示，松开鼠标后效果如图 2-271 所示。

图 2-266

图 2-267

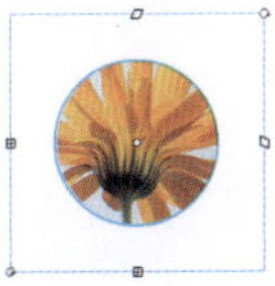

图 2-268

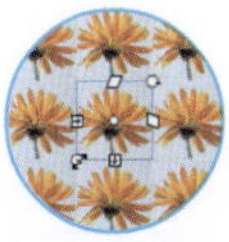

图 2-269

图 2-270

图 2-271

2.3.4 "样本"面板

选择"窗口 > 样本"命令，弹出"样本"面板，如图 2-272 所示。在"样本"面板中部的纯色样本区，系统提供了 216 种纯色。 "样本"面板下方是渐变色样本区。单击"样本"面板右上方的按钮 ，弹出下拉菜单，如图 2-273 所示。

- "删除"命令：可以将选中的颜色删除。
- "复制为色板"命令：可以将选中的颜色进行复制。
- "复制为调色板"命令：可以在新建文件夹中创建调色板。
- "复制为文件夹"命令：可以将选中的颜色创建为新的文件夹。
- "添加颜色"命令：可以将系统中保存的颜色文件添加到面板中。
- "替换颜色"命令：可以将选中的颜色替换成系统中保存的颜色文件。

- "保存颜色"命令：可以将编辑好的颜色保存到系统中，方便再次调用。
- "保存为默认值"命令：可以用编辑好的颜色替换系统默认的颜色文件，在创建新文档时自动替换。
- "清除颜色"命令：可以清除当前面板中的所有颜色，只保留黑色与白色。
- "加载默认颜色"命令：可以将面板中的颜色恢复到系统默认的颜色状态。
- "Web 216 色"命令：可以调出系统自带的符合 Internet 标准的色彩。
- "锁定"命令：可以将"样本"面板锁定。
- "帮助"命令：选择此命令，将弹出帮助文件。

图 2-272

图 2-273

2.4　3D 效果的创建

Animate 可以通过在舞台的 3D 空间中移动和旋转影片剪辑来创建 3D 效果。Animate 通过影片剪辑实例属性中的 z 轴来表示 3D 空间。

2.4.1　"3D 旋转"工具

使用"3D 旋转"工具可以在 3D 空间中旋转影片剪辑实例。

选择"3D 旋转"工具 ，在舞台中的影片剪辑实例上单击进行选择，在实例上将出现旋转控件，如图 2-274 所示。拖曳红色线可以使实例绕 x 轴旋转，拖曳绿色线可以使实例绕 y 轴旋转，拖曳蓝色线可以使实例绕 z 轴旋转，拖曳橙色线可以使实例同时绕 x 轴和 y 轴旋转。

"3D 旋转"工具的"属性"面板"对象"选项卡如图 2-275 所示，在其中可以设置 3D 定位和视图。

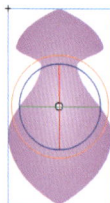

图 2-274

图 2-275

- "X""Y""Z"选项：可以设置各轴的旋转角度。
- "透视角度"选项 📷：可以设置 3D 影片剪辑在舞台上的外观视角。
- "消失点"选项：可以控制舞台上 3D 影片剪辑的方向。

2.4.2 "3D 平移"工具

使用"3D 平移"工具可以在 3D 空间中移动影片剪辑实例。

选择"3D 平移"工具 ⚓，在舞台中的影片剪辑实例上单击进行选择，在实例上将出现 x、y 和 z 3 个轴，如图 2-276 所示。其中红色线表示 x 轴、绿色线表示 y 轴、蓝色线表示 z 轴。

"3D 平移"工具的"属性"面板如图 2-277 所示，可以设置 3D 定位和视图。

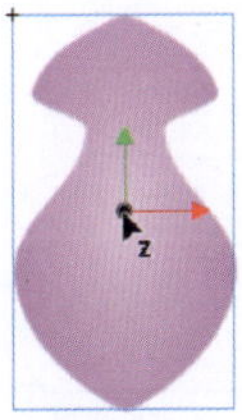

图 2-276

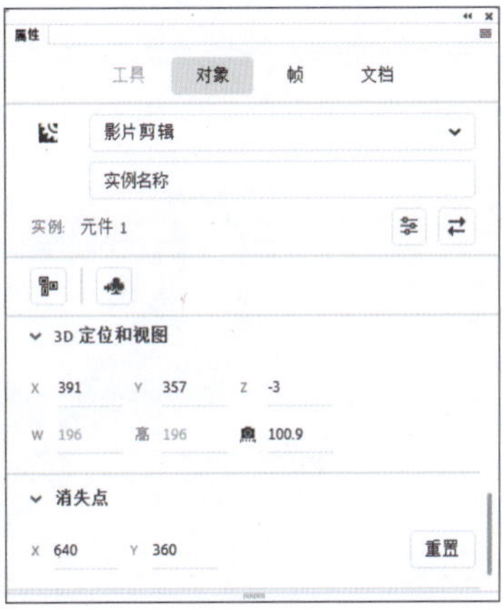

图 2-277

课堂练习——绘制卡通小汽车

练习知识要点

使用"矩形"工具、"基本矩形"工具、"椭圆"工具、"钢笔"工具来完成卡通小汽车的绘制，效果如图 2-278 所示。

图 2-278

微课视频

绘制卡通
小汽车

效果所在位置

云盘 /Ch02/ 效果 / 绘制卡通小汽车 .fla。

课后习题——绘制大嘴鸟插画

习题知识要点

使用"钢笔"工具、"基本矩形"工具、"基本椭圆"工具、"颜料桶"工具、"变形"面板来完成大嘴鸟插画的绘制，效果如图 2-279 所示。

图 2-279

微课视频

绘制大嘴鸟插画

效果所在位置

云盘 /Ch02/ 效果 / 绘制大嘴鸟插画 .fla。

03

第 3 章
对象的编辑与修饰

本章介绍

使用工具箱中的工具创建的向量图形相对来说比较单调，如果能结合"修改"菜单命令修改图形，就可以改变原图形的形状、线条等，并且可以将多个图形组合起来，达到所需要的图形效果。本章将详细介绍 Animate 2020 编辑、修饰对象的功能。通过对本章的学习，读者可以掌握编辑和修饰对象的各种方法和技巧，并能根据具体操作特点，灵活地应用编辑和修饰功能。

学习目标

- 掌握对象的变形方法和技巧
- 掌握对象的修饰方法
- 熟练运用"对齐"面板与"变形"面板编辑对象

素质目标

- 培养手眼协调能力
- 培养艺术感知能力和审美意识
- 培养能够与他人有效沟通的合作能力

3.1 对象的变形与操作

应用变形命令可以对选择的对象进行变形操作，如扭曲、缩放、倾斜、旋转和封套等，还可以根据需要对对象进行组合、分离、叠放、对齐等一系列操作，从而达到制作的要求。

3.1.1 课堂案例——绘制闪屏页中的插画

案例学习目标

使用绘图工具和变形命令绘制图形。

案例知识要点

使用"椭圆"工具、"任意变形"工具和"矩形"工具绘制表盘图形；使用"多角星形"工具、变形工具和"变形"面板制作指针图形；使用"对齐"命令，将对象居中对齐，效果如图3-1所示。

图 3-1

微课视频　微课视频　扩展案例
绘制闪屏页　绘制闪屏页　绘制环保
中插画 1　　中插画 2　　插画

效果所在位置

云盘 /Ch03/ 效果 / 绘制闪屏页中的插画 .fla。

1. 绘制刻度盘

（1）选择"文件 > 新建"命令，弹出"新建文档"对话框，在"详细信息"选项组中，将"宽"设为320、"高"设为360，"平台类型"下拉列表中选择"ActionScript 3.0"选项，单击"创建"按钮，完成文档的创建。

（2）将"图层_1"重命名为"圆形"。选择"椭圆"工具◎，在工具箱中将"笔触颜色"设为无，"填充颜色"设为黑色（#231916），单击工具箱下方的"对象绘制"按钮◙，按住 Shift 键的同时，在舞台窗口中绘制 1 个圆形。

（3）选择"选择"工具▶，选中舞台窗口中的黑色圆形，在绘制对象"属性"面板"对象"选项卡中，将"宽"和"高"均设为282，"X"设为18，"Y"设为59，如图3-2所示，效果如图3-3所示。

（4）按 Ctrl+C 组合键，将创建的图形复制。按 Ctrl+Shift+V 组合键，将复制的图形原位粘贴。选择"任意变形"工具▦，在图形的周围出现控制框，如图3-4所示。将鼠标指针放置在右上方的控制点上，鼠标指针变为↖时，按住 Alt+Shift 组合键的同时，向左下方拖曳到适当的位置，如图3-5

所示，松开鼠标缩放图形。在工具箱中将"填充颜色"设为白色，效果如图 3-6 所示。

| 图 3-2 | 图 3-3 | 图 3-4 | 图 3-5 |

（5）按 Ctrl+Shift+V 组合键，将复制的图形原位粘贴。选择"任意变形"工具图标，在图形的周围出现控制框。将鼠标指针放置在右上方的控制点上，鼠标指针变为 ↙ 时，按住 Alt+Shift 组合键的同时，向左下方拖曳到适当的位置，如图 3-7 所示，松开鼠标缩放图形。

（6）按 Ctrl+Shift+V 组合键，将复制的图形原位粘贴。选择"任意变形"工具图标，在图形的周围出现控制框。将鼠标指针放置在右上方的控制点上，鼠标指针变为 ↙ 时，按住 Alt+Shift 组合键的同时，向左下方拖曳到适当的位置，如图 3-8 所示，松开鼠标缩放图形。在工具箱中将"填充颜色"设为青色（#70C1E9），效果如图 3-9 所示。

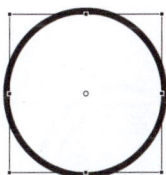

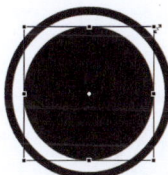

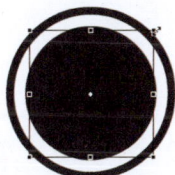

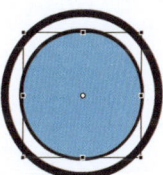

| 图 3-6 | 图 3-7 | 图 3-8 | 图 3-9 |

（7）按 Ctrl+C 组合键，复制青色圆形。在"时间轴"面板中创建一个新图层并将其命名为"内阴影"，如图 3-10 所示。按 Ctrl+Shift+V 组合键，将复制的青色圆形原位粘贴到"内阴影"图层中。在工具箱中将"填充颜色"设为深蓝色（#65ADD1），效果如图 3-11 所示。按 Ctrl+B 组合键，将图形打散，效果如图 3-12 所示。

（8）选择"选择"工具▶，选中图 3-13 所示的图形，按住 Alt 键的同时向下拖曳到适当的位置，复制图形，效果如图 3-14 所示。按 Delete 键，将复制的图形删除，效果如图 3-15 所示。

| 图 3-10 | 图 3-11 | 图 3-12 | 图 3-13 |

（9）在"时间轴"面板中创建 1 个新图层并将其命名为"刻度"。选择"矩形"工具▣，在矩形工具"属性"面板中，将"笔触"设为无，"填充"设为深蓝色（#4186AE），在舞台窗口中绘制 1 个矩形，效果如图 3-16 所示。

（10）选择"选择"工具▶，选中图 3-17 所示的图形，按住 Alt+Shift 组合键的同时，向下拖曳到适当的位置，复制图形，效果如图 3-18 所示。

图 3-14　　　　　　图 3-15　　　　　　图 3-16　　　　　　图 3-17

　　（11）在"时间轴"面板中单击"刻度"图层，将该层中的对象全部选中，如图 3-19 所示。按 Ctrl+G 组合键，将选中的对象编组，效果如图 3-20 所示。

图 3-18　　　　　　　　　图 3-19　　　　　　　　　图 3-20

　　（12）按 Ctrl+T 组合键，弹出"变形"面板，单击"重制选区和变形"按钮 ，复制出 1 个图形，将其"旋转"设为 45°，如图 3-21 所示，效果如图 3-22 所示。再单击两次"重制选区和变形"按钮 复制图形，效果如图 3-23 所示。

图 3-21　　　　　　　　　图 3-22　　　　　　　　　图 3-23

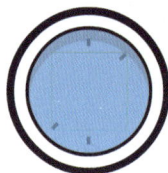
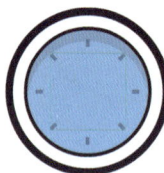

　　（13）在"时间轴"面板中，按住 Ctrl 键的同时将"圆形"图层和"刻度"图层选中，如图 3-24 所示。选择"修改 > 对齐 > 水平居中"命令，将选中的图形水平居中对齐，效果如图 3-25 所示。选择"修改 > 对齐 > 垂直居中"命令，将选中的图形垂直居中对齐，效果如图 3-26 所示。

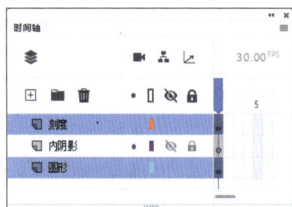
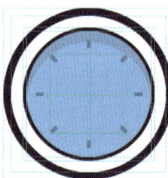
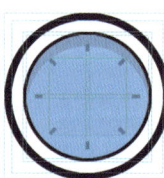

图 3-24　　　　　　　　　图 3-25　　　　　　　　　图 3-26

2. 绘制指针

　　（1）在"时间轴"面板中创建一个新图层并将其命名为"指针"。选择"多角星形"工具 ，在"多角星形"工具"属性"面板"工具"选项卡中，将"填充"设为红色（#EA5F61），"笔触"设为黑色（#231916），"笔触大小"设为 3；在"工具选项"选项组中，将"样式"设为"多边形"，"边数"设为 3，其他选项的设置如图 3-27 所示。按住 Shift 键的同时，在舞台窗口中绘制 1 个三角形，效果如图 3-28 所示。

（2）选择"选择"工具▶，选中绘制的三角形，选择"修改 > 变形 > 封套"命令，在三角形周围出现控制手柄，如图 3-29 所示，调整各个控制手柄使三角形变形，效果如图 3-30 所示。单击工具箱下方的"缩放"按钮◰，将控制框中心点移动到图 3-31 所示的位置。

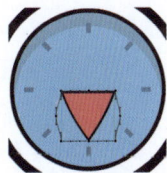

图 3-27　　　　　　　　　图 3-28　　　　　　　　　图 3-29　　　　　　　　　图 3-30

（3）按 Ctrl+T 组合键，弹出"变形"面板，单击"重制选区和变形"按钮▣，复制出 1 个图形，保持所复制图形的选取状态，单击"变形"面板下方的"垂直翻转所选内容"按钮☰，将选中的图形垂直翻转，效果如图 3-32 所示。在工具箱中将"填充颜色"设为白色，效果如图 3-33 所示。

（4）在"时间轴"面板中单击"指针"图层，将该层中的对象全部选中，按 Ctrl+G 组合键，将选中的对象编组，效果如图 3-34 所示。

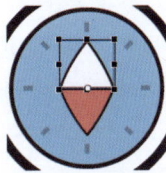
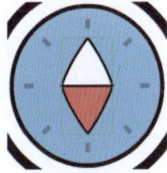

图 3-31　　　　　　　　　图 3-32　　　　　　　　　图 3-33　　　　　　　　　图 3-34

（5）在"变形"面板中，将"旋转"设为 45°，如图 3-35 所示，效果如图 3-36 所示。

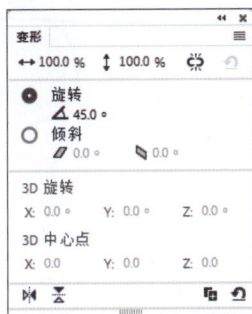

图 3-35　　　　　　　　　　　　　　　　　　　图 3-36

（6）在"时间轴"面板中，按住 Ctrl 键的同时将"圆形"图层、"刻度"图层和"指针"图层都选中，如图 3-37 所示。选择"修改 > 对齐 > 水平居中"命令，将选中的图形水平居中对齐，效果如图 3-38 所示。选择"修改 > 对齐 > 垂直居中"命令，将选中的图形垂直居中对齐，效果如图 3-39 所示。

（7）在"时间轴"面板中创建一个新图层并将其命名为"黑色圆形"，如图 3-40 所示。选择"椭圆"工具 ⬤，在工具箱中将"笔触颜色"设为无，"填充颜色"设为黑色（#231916），按住 Shift 键的同时，在舞台窗口中绘制 1 个圆形，效果如图 3-41 所示。

| 图 3-37 | 图 3-38 | 图 3-39 | 图 3-40 |

（8）按 Ctrl+C 组合键，复制圆形。在"时间轴"面板中创建一个新图层并将其命名为"圆形 2"。按 Ctrl+Shift+V 组合键，将复制的圆形（原位）粘贴到"圆形 2"图层中。

（9）选择"任意变形"工具 ⬚，在图形的周围出现控制框。将鼠标指针放置在右上方的控制点上，鼠标指针变为 ↖，按住 Alt+Shift 组合键的同时，向左下方拖曳到适当的位置，如图 3-42 所示，松开鼠标缩放图形。在工具箱中将"填充颜色"设为白色，效果如图 3-43 所示。用相同的方法制作出图 3-44 所示的效果。

| 图 3-41 | 图 3-42 | 图 3-43 | 图 3-44 |

（10）在"时间轴"面板中，将"黑色圆形"图层拖曳到"圆形"图层的下方，如图 3-45 所示，效果如图 3-46 所示。闪屏页中的插画绘制完成，按 Ctrl+Enter 组合键即可查看效果，效果如图 3-47 所示。

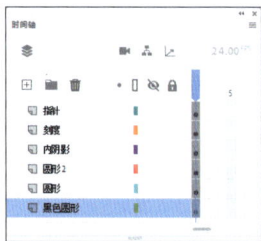

图 3-45

图 3-46

图 3-47

3.1.2　扭曲对象

选择"修改 > 变形 > 扭曲"命令，在当前选择的图形上出现控制点，如图 3-48 所示。将鼠标指针放在右上方控制点上，鼠标指针变为 ▷，按住鼠标不放，拖曳控制点，如图 3-49 所示，改变图形的形状，效果如图 3-50 所示。

图 3-48 　　　　　　　　　图 3-49 　　　　　　　　　图 3-50

3.1.3　封套对象

选择"修改 > 变形 > 封套"命令，在当前选择的图形上出现控制点，如图 3-51 所示。当鼠标指针在控制点上时变为 ，按住鼠标不放，拖曳控制点，如图 3-52 所示，使图形产生相应的弯曲变形，效果如图 3-53 所示。

图 3-51 　　　　　　　　　图 3-52 　　　　　　　　　图 3-53

3.1.4　缩放对象

选择"修改 > 变形 > 缩放"命令，在当前选择的图形上出现控制点，如图 3-54 所示。当鼠标指针放在右上方控制点上时变为 ，按住鼠标左键不放，向左下方拖曳控制点，如图 3-55 所示。用鼠标拖曳控制点可成比例地改变图形的大小，效果如图 3-56 所示。

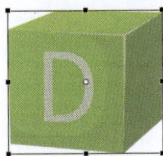图 3-54　　　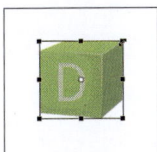图 3-55　　　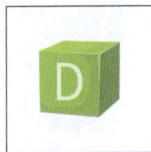图 3-56

3.1.5　旋转与倾斜对象

选择"修改 > 变形 > 旋转与倾斜"命令，在当前选择的图形上出现控制点，如图 3-57 所示。当鼠标指针放在上方中间的控制点上时，鼠标指针变为 ，按住鼠标左键不放，向右水平拖曳控制点，如图 3-58 所示，松开鼠标，图形倾斜，效果如图 3-59 所示。

将鼠标指针放在右上角的控制点上时，鼠标指针变为 ，如图 3-60 所示。拖曳控制点旋转图形，如图 3-61 所示，旋转完成后效果如图 3-62 所示。

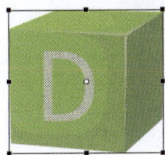图 3-57　　　图 3-58　　　图 3-59　　　图 3-60

选择"修改 > 变形"中的"顺时针旋转 90°""逆时针旋转 90°"命令，可以将图形按照指定的度数旋转，效果如图 3-63 和图 3-64 所示。

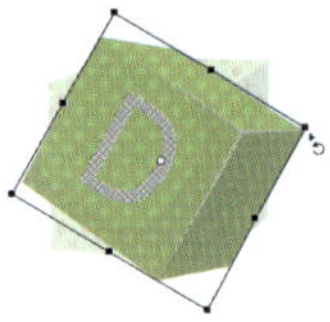

图 3-61    图 3-62    图 3-63    图 3-64

3.1.6　翻转对象

选择"修改 > 变形"中的"垂直翻转""水平翻转"命令，可以将图形翻转，效果如图 3-65 和图 3-66 所示。

图 3-65    图 3-66

3.1.7　组合对象

选中多个图形，如图 3-67 所示。选择"修改 > 组合"命令，或按 Ctrl+G 组合键，可将选中的图形进行组合，效果如图 3-68 所示。

图 3-67   图 3-68

3.1.8　分离对象

要修改多个图形的组合，以及图像、文字或组件的一部分时，可以使用"修改 > 分离"命令打散对象。另外，制作变形动画时，需用"分离"命令将图形的组合、图像、文字或组件转变成图形。

选中图形组合，如图 3-69 所示。选择"修改 > 分离"命令，或按 Ctrl+B 组合键，将组合的图形打散，多次使用"分离"命令的效果如图 3-70 所示。

图 3-69 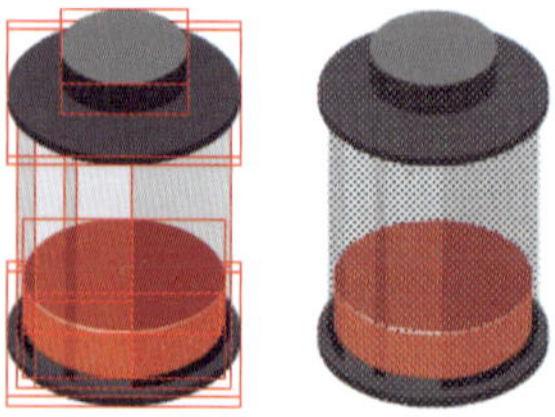   图 3-70

3.1.9　叠放对象

制作复杂图形时，多个图形的叠放次序不同，产生的效果也不同，可以选择"修改 > 排列"中的命令实现不同的叠放效果。

如果要将图形移动到所有图形的底层，可以先选中要移动的图形，如图 3-71 所示，再选择"修改 > 排列 > 移至底层"命令，效果如图 3-72 所示。

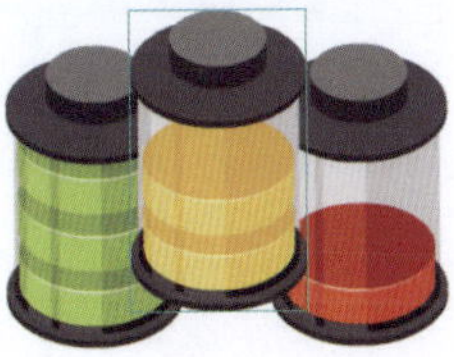

图 3-71 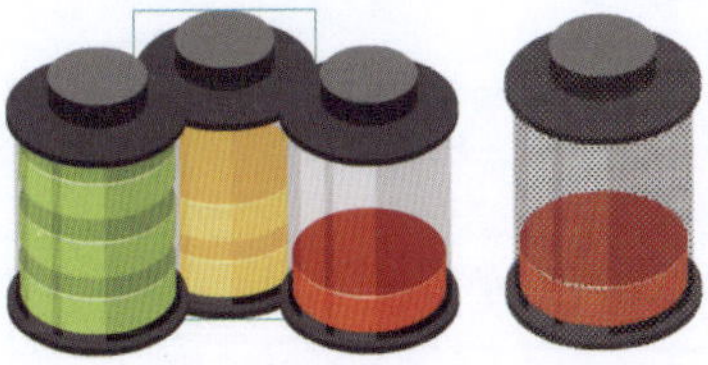　　　　　　　　　　　　　　　　　图 3-72

> **提示**
>
> 叠放对象只能是图形的组合或组件。

3.1.10　对齐对象

当选择多个图形、图像的组合或组件时，可以选择"修改 > 对齐"中的子命令调整它们的相对位置。

如果要将多个图形的底部对齐，可以先选中多个图形，如图 3-73 所示，再选择"修改 > 对齐 > 底对齐"命令，效果如图 3-74 所示。

图 3-73 　　　　　　　　　　　　　　　　　图 3-74

3.2　对象的修饰

在制作动画的过程中，可以应用 Animate 2020 自带的一些命令，对曲线进行优化，将线条转换为填充，对填充色进行修改或对填充边缘进行柔化处理。

3.2.1　课堂案例——绘制风景插画

案例学习目标

使用绘图工具绘制图形，使用形状命令编辑图形。

案例知识要点

使用"椭圆"工具绘制太阳图形；使用"将线条转换为填充"命令将线条转换为填充；使用"柔化填充边缘"命令、"复制"命令和"粘贴到当前位置"命令制作太阳发光效果，效果如图 3-75 所示。

图 3-75

微课视频　绘制风景插画

扩展案例　绘制时尚插画

效果所在位置

云盘 /Ch03/ 效果 / 绘制风景插画 .fla。

（1）选择"文件 > 打开"命令，在弹出的"打开"对话框中，选择云盘中的"Ch03 > 素材 > 3.2.1- 绘制风景插画 > 01"文件，如图 3-76 所示，单击"打开"按钮，打开文件，如图 3-77 所示。

（2）在"时间轴"面板中创建一个新图层并将其命名为"太阳"。选择"椭圆"工 ，在"椭圆"工具"属性"面板"工具"选项卡中，单击"对象绘制"按 ，将"笔触"设为白色，"填充"设为洋红色（#FF465D），"笔触大小"设为 5，按住 Shift 键的同时，在舞台窗口中绘制 1 个圆形，效果如图 3-78 所示。

图 3-76　　　　　　　图 3-77　　　　　　　图 3-78

（3）选择"选择"工 ，选中绘制的圆形，如图 3-79 所示，按 Ctrl+C 组合键，将其复制。选择"修改 > 形状 > 将线条转换为填充"命令，将笔触转换为填充对象，效果如图 3-80 所示。

（4）选择"修改 > 形状 > 柔化填充边缘"命令，弹出"柔化填充边缘"对话框，在对话框中对各项参数进行设置，如图 3-81 所示，单击"确定"按钮，效果如图 3-82 所示。

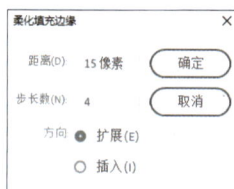

柔化填充边缘	×
距离(D)　15 像素	确定
步长数(N)　4	取消
方向　● 扩展(E)	
○ 插入(I)	

图 3-79　　　　　　　图 3-80　　　　　　　图 3-81　　　　　　　图 3-82

（5）按 Ctrl+Shift+V 组合键，将复制的圆形原位粘贴到"太阳"图层中，如图 3-83 所示。在工具箱中将"笔触颜色"设为无，效果如图 3-84 所示。风景插画绘制完成，按 Ctrl+Enter 组合键即可查看效果，效果如图 3-85 所示。

图 3-83

图 3-84

图 3-85

3.2.2　优化曲线

选中要优化的线条，如图 3-86 所示。选择"修改 > 形状 > 优化"命令，弹出"优化曲线"对话框，对参数进行设置，如图 3-87 所示；单击"确定"按钮，弹出提示对话框，如图 3-88 所示；单击"确定"按钮，线条被优化，效果如图 3-89 所示。

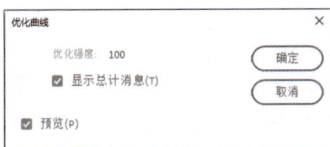

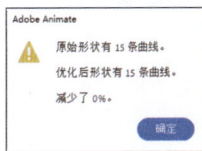

图 3-86　　　　　　图 3-87　　　　　　　　　　图 3-88　　　　　　图 3-89

3.2.3　将线条转换为填充

打开云盘中的"基础素材 > Ch03 > 03"文件，如图 3-90 所示，选择"墨水瓶"工 ，为图形绘制外轮廓线，效果如图 3-91 所示。

选择"选择"工 ，双击图形的外轮廓线将其选中，选择"修改 > 形状 > 将线条转换为填充"命令，将外轮廓线转换为填充色块，效果如图 3-92 所示。这时，可以选择"颜料桶"工 ，为填充色块设置其他颜色，效果如图 3-93 所示。

图 3-90　　　　　　图 3-91　　　　　　　　图 3-92　　　　　　　图 3-93

3.2.4　扩展填充

应用"扩展填充"命令可以将填充颜色向外扩展或向内收缩，扩展或收缩的数值可以自定义设置。

1. 扩展填充色

打开云盘中的"基础素材 > Ch03 > 04"文件。选中需要扩展的填充对象，如图 3-94 所示。选择"修改 > 形状 > 扩展填充"命令，弹出"扩展填充"对话框，在"距离"数值框中输入"15 像素"（取值范围为 0.05 像素～144 像素），选择"扩展"单选项，如图 3-95 所示。单击"确定"按钮，填充色向外扩展，效果如图 3-96 所示。

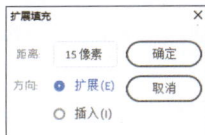

图 3-94　　　　　　　图 3-95　　　　　　　图 3-96

2. 收缩填充色

选中需要收缩的填充对象，如图 3-97 所示，选择"修改 > 形状 > 扩展填充"命令，弹出"扩展填充"对话框，在"距离"数值框中输入"15 像素"（取值范围为 0.05 像素 ~ 144 像素），选择"插入"单选项。如图 3-98 所示，单击"确定"按钮，填充色向内收缩，效果如图 3-99 所示。

图 3-97　　　　　　　图 3-98　　　　　　　图 3-99

3.2.5　柔化填充边缘

1. 向外柔化填充边缘

选中图形，如图 3-100 所示，选择"修改 > 形状 > 柔化填充边缘"命令，弹出"柔化填充边缘"对话框，在"距离"数值框中输入"80 像素"，在"步长数"数值框中输入 5，选择"扩展"单选项，如图 3-101 所示。单击"确定"按钮，效果如图 3-102 所示。

在"柔化填充边缘"对话框中设置不同的数值，所产生的效果也各不相同。

选中图形，选择"修改 > 形状 > 柔化填充边缘"命令，弹出"柔化填充边缘"对话框，在"距离"数值框中输入 50 像素，在"步长数"数值框中输入 20，选择"扩展"单选项，如图 3-103 所示。单击"确定"按钮，效果如图 3-104 所示。

图 3-100　　　图 3-101　　　图 3-102　　　图 3-103　　　图 3-104

2. 向内柔化填充边缘

选中图形，如图 3-105 所示，选择"修改 > 形状 > 柔化填充边缘"命令，弹出"柔化填充边缘"对话框，在"距离"数值框中输入"50 像素"，在"步长数"数值框中输入 5，选择"插入"单选项，如图 3-106 所示。单击"确定"按钮，效果如图 3-107 所示。

选中图形，选择"修改 > 形状 > 柔化填充边缘"命令，弹出"柔化填充边缘"对话框，在"距离"数值框中输入"30 像素"，在"步长数"数值框中输入 20，选择"插入"单选项，如图 3-108 所示。单击"确定"按钮，效果如图 3-109 所示。

图 3-105　　　图 3-106　　　图 3-107　　　图 3-108　　　图 3-109

3.3　"对齐"面板与"变形"面板的使用

可以应用"对齐"面板来设置多个对象之间的对齐方式，还可以应用"变形"面板来改变对象的大小以及倾斜度。

3.3.1　课堂案例——制作茶叶网站首页

微课视频　　扩展案例

制作茶叶　　制作商场
网站首页　　促销吊签

案例学习目标

使用"变形"面板和"对齐"面板编辑图形。

案例知识要点

使用"导入到库"命令导入素材；使用"变形"面板缩放图像的大小；使用"对齐"面板设置图像的对齐方式，效果如图 3-110 所示。

效果所在位置

云盘 /Ch03/ 效果 / 制作茶叶网站首页 .fla。

（1）选择"文件 > 打开"命令，在弹出的"打开"对话框中，选择云盘中的"Ch03 > 素材 > 制作茶叶网站首页 > 01"文件，单击"打开"按钮，打开文件，如图 3-111 所示。

图 3-110　　　　　　　　　　　　　　　　图 3-111

（2）选择"文件 > 导入 > 导入到库"命令，在弹出的"导入到库"对话框中，选择云盘中的"Ch03 > 素材 > 3.3.1 制作茶叶网站首页 > 02 ~ 09"文件，如图 3-112 所示，单击"打开"按钮，文件被导入"库"面板中，如图 3-113 所示。

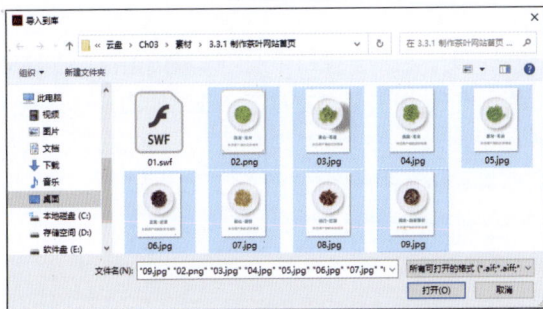 

图 3-112　　　　　　　　　　　　　　　　图 3-113

（3）在"时间轴"面板中创建一个新图层并将其命名为"分类"。将"库"面板中的位图"02"文件拖曳到舞台窗口中，如图 3-114 所示。保持图像的选取状态，按 Ctrl+T 组合键，弹出"变形"面板，将"缩放宽度"和"缩放高度"均设为 90%，如图 3-115 所示，效果如图 3-116 所示。

图 3-114

图 3-115

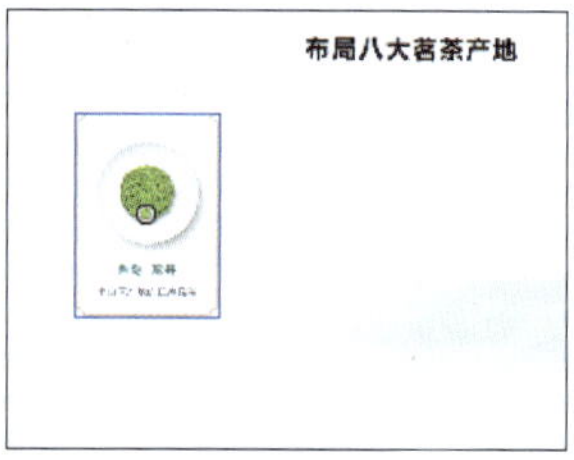

图 3-116

（4）用相同的方法将"库"面板中的位图"03""04""05"文件拖曳到舞台窗口中并缩放大小，效果如图 3-117 所示。在"时间轴"面板中单击"分类"图层，将该图层中的图像全部选中，如图 3-118 所示。

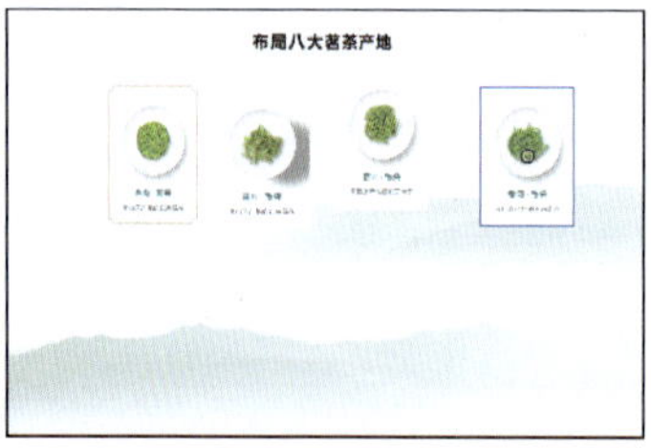

图 3-117

图 3-118

（5）按 Ctrl+K 组合键，弹出"对齐"面板，单击面板中的"垂直中齐"按钮，如图 3-119 所示，将选中的对象垂直居中对齐，效果如图 3-120 所示。

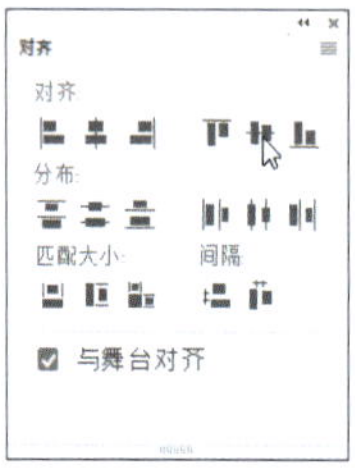

图 3-119

图 3-120

（6）用步骤（3）中的方法将"库"面板中的位图"06""07""08""09"文件拖曳到舞台窗口中并缩放大小，效果如图 3-121 所示。

（7）选择"选择"工具，按住 Shift 键的同时，在舞台窗口中选中需要的图像，如图 3-122 所示。单击"对齐"面板中的"左对齐"按钮，将选中的图像左对齐，效果如图 3-123 所示。

（8）选择"选择"工具，按住 Shift 键的同时，在舞台窗口中选中需要的图像，如图 3-124 所示。单击"对齐"面板中的"右对齐"按钮，将选中的图像右对齐，效果如图 3-125 所示。选中第 1 行的所有图像，如图 3-126 所示。

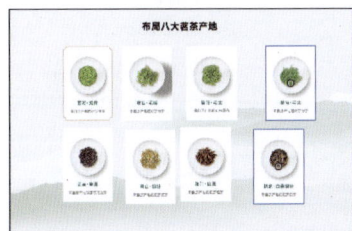

图 3-121

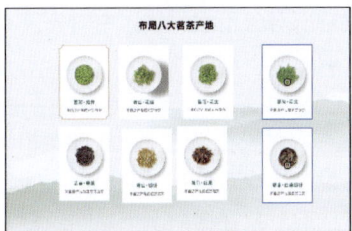

图 3-122

图 3-123

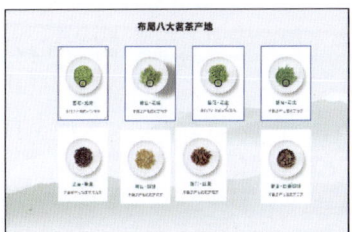

图 3-124

图 3-125

图 3-126

（9）单击"对齐"面板中的"水平居中分布"按钮 ▮▮ ，将选中的对象水平居中分布，效果如图 3-127 所示。用相同的方法将第 2 行的图像进行水平居中分布，效果如图 3-128 所示。保持第 2 行图像的选取状态，单击"对齐"面板中的"垂直中齐"按钮 ▮▮ ，将选中的对象垂直居中对齐，效果如图 3-129 所示。

图 3-127

图 3-128

图 3-129

（10）保持第 2 行图像的选取状态并将其垂直向下拖曳到适当的位置，效果如图 3-130 所示。在"时间轴"面板中单击"分类"图层，将该图层中的图像全部选中，按 Ctrl+G 组合键，将选中的图像进行编组，效果如图 3-131 所示。

（11）勾选"对齐"面板中的"与舞台对齐"复选框，单击"水平中齐"按钮 ▮ ，将编组对象与舞台水平居中对齐，效果如图 3-132 所示。茶叶网站首页制作完成。

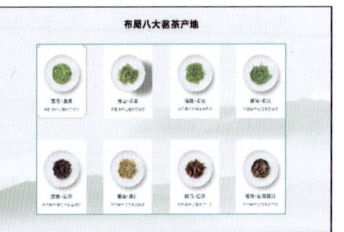

图 3-130

图 3-131

图 3-132

3.3.2 "对齐"面板

选择"窗口 > 对齐"命令，弹出"对齐"面板，如图 3-133 所示。

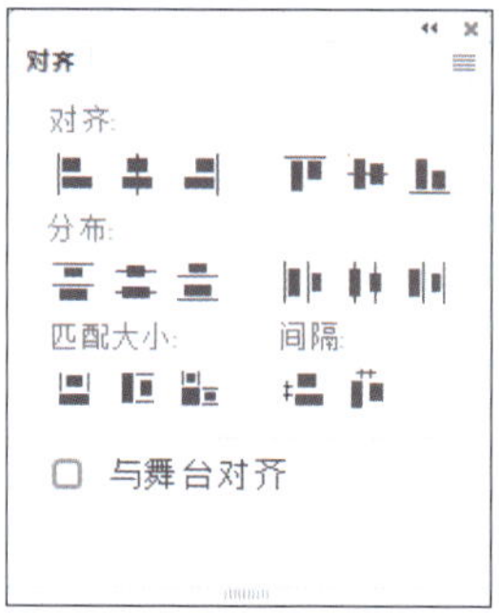

1. "对齐"选项组

- "左对齐"按钮▐▐：设置选取对象左端对齐。
- "水平中齐"按钮▮▮：设置选取对象沿垂直线居中对齐。
- "右对齐"按钮▮▮：设置选取对象右端对齐。
- "顶对齐"按钮▮▮：设置选取对象上端对齐。
- "垂直中齐"按钮▮▮：设置选取对象沿水平线居中对齐。
- "底对齐"按钮▮▮：设置选取对象下端对齐。

2. "分布"选项组

- "顶部分布"按钮▀：设置选取对象在横向上上端间距相等。
- "垂直居中分布"按钮▀：设置选取对象在横向上中心间距相等。
- "底部分布"按钮▄：设置选取对象在横向上下端间距相等。
- "左侧分布"按钮▮▮：设置选取对象在纵向上左端间距相等。
- "水平居中分布"按钮▮▮：设置选取对象在纵向上中心间距相等。
- "右侧分布"按钮▮▮：设置选取对象在纵向上右端间距相等。

图 3-133

3. "匹配大小"选项组

- "匹配宽度"按钮▮▮：设置选取对象在水平方向上等尺寸变形（以所选对象中宽度最大的为基准）。
- "匹配高度"按钮▮▮：设置选取对象在垂直方向上等尺寸变形（以所选对象中高度最大的为基准）。
- "匹配宽和高"按钮▮▮：设置选取对象在水平方向上和垂直方向上同时进行等尺寸变形（同时以所选对象中宽度和高度最大的为基准）。

4. "间隔"选项组

- "垂直平均间隔"按钮▮▮：设置选取对象在纵向上间距相等。
- "水平平均间隔"按钮▮▮：设置选取对象在横向上间距相等。

5. "与舞台对齐"选项

- "与舞台对齐"复选框：勾选此复选框后，上述所有的设置操作都是以整个舞台的宽度和高度为基准的。

打开云盘中的"基础素材 > Ch03 > 05"文件，选中要对齐的图形，如图 3-134 所示，单击"顶对齐"按钮▮▮，图形上端对齐，效果如图 3-135 所示。

选中要分布的图形，如图 3-136 所示，单击"水平居中分布"按钮▮▮，图形在纵向上中心间距相等，效果如图 3-137 所示。

图 3-134 　　　　　　　　图 3-135　　　　　　　　图 3-136

选中要匹配大小的图形，如图 3-138 所示，单击"匹配高度"按钮▮▮，图形在垂直方向上等尺寸变形，效果如图 3-139 所示。

图 3-137   图 3-138   图 3-139

勾选与未勾选"与舞台对齐"复选框时,应用同一个命令所产生的效果不同。未勾选"与舞台对齐"复选框时,选中图形,如图 3-140 所示,单击"水平居中分布"按钮 ▮▮,效果如图 3-141 所示。勾选"与舞台对齐"复选框时,单击"水平居中分布"按钮 ▮▮,效果如图 3-142 所示。

图 3-140   图 3-141   图 3-142

3.3.3 "变形"面板

选择"窗口 > 变形"命令,弹出"变形"面板,如图 3-143 所示。

● "缩放宽度" ↔ 100.0 % 和"缩放高度" ↕ 100.0 % 选项:用于设置图形的宽度和高度。
● "约束"按钮 ⮌:用于约束"宽度"和"高度"选项,使图形能够成比例地变形。
● "重置缩放"按钮 ↺:用于将图形的缩放恢复到初始状态。
● "旋转"选项:用于设置图形的旋转角度。
● "倾斜"选项:用于设置图形的水平倾斜角度或垂直倾斜角度。
● "水平翻转所选内容"按钮 ⋈:用于使所选图形水平翻转。
● "垂直翻转所选内容"按钮 ⧗:用于使所选图形垂直翻转。
● "重制选区和变形"按钮 ⧉:用于复制图形并将变形设置应用于图形。
● "取消变形"按钮 ↺:用于将图形属性恢复到初始状态。

"变形"面板中的设置不同,所产生的效果也各不相同。打开云盘中的"基础素材 > Ch03 > 06"文件,如图 3-144 所示。

选中图形,在"变形"面板中将"缩放宽度"设为 50%,按 Enter 键确定操作,如图 3-145 所示,图形的宽度被改变,效果如图 3-146 所示。

图 3-143   图 3-144   图 3-145   图 3-146

选中图形,在"变形"面板中单击"约束"按钮 ⮌,将"缩放宽度"设为 50%,"缩放高度"也随之变为 50%,按 Enter 键确定操作,如图 3-147 所示,图形的宽度和高度成比例地缩小,效果如图 3-148 所示。

选中图形,在"变形"面板中选择"旋转"单选项,将"旋转"选项设为 20°,如图 3-149 所示,按 Enter 键确定操作,图形被旋转,效果如图 3-150 所示。

选中图形，在"变形"面板中选择"倾斜"单选项，将"水平倾斜"选项设为 20° ，如图 3-151 所示，按 Enter 键确定操作，图形发生水平倾斜变形，效果如图 3-152 所示。

选中图形，在"变形"面板中选择"倾斜"单选项，将"垂直倾斜"选项设为 25° ，如图 3-153 所示，按 Enter 键确定操作，图形发生垂直倾斜变形，效果如图 3-154 所示。

图 3-147　　　　　　图 3-148　　　　　　图 3-149　　　　　　图 3-150

图 3-151　　　　　　图 3-152　　　　　　图 3-153　　　　　　图 3-154

选中图形，在"变形"面板中，单击"水平翻转所选内容"按钮 ，图形将水平翻转，效果如图 3-155 所示。单击"垂直翻转所选内容"按钮 ，图形将垂直翻转，效果如图 3-156 所示。

图 3-155　　　　　　　　　　　　图 3-156

选中图形，在"变形"面板中，单击"重制选区和变形"按钮 ，将"旋转"选项设为 30° ，如图 3-157 所示，按 Enter 键确定操作，图形被复制并沿其中心点旋转了 30° ，效果如图 3-158 所示。

再次单击"重制选区和变形"按钮 ，图形再次被复制并旋转了 30° ，效果如图 3-159 所示。此时，面板中显示旋转角度为 60° ，表示复制出的图形与初始图形相比旋转了 60° ，如图 3-160 所示。

图 3-157　　　　　　图 3-158　　　　　　图 3-159　　　　　　图 3-160

课堂练习——绘制飞机插画

练习知识要点

使用"柔化填充边缘"命令制作太阳效果；使用"钢笔"工具绘制白云形状，效果如图 3-161 所示。

图 3-161

微课视频

绘制飞机
插画

效果所在位置

云盘 /Ch03/ 效果 / 绘制飞机插画 .fla。

课后习题——绘制卡通形象插画

习题知识要点

使用"基本椭圆"工具、"多边形"工具、"钢笔"工具绘制卡通形象轮廓；使用"分离"命令将其打散；使用"变形"面板水平翻转对象，效果如图 3-162 所示。

图 3-162

微课视频

绘制卡通
形象插画

效果所在位置

云盘 /Ch03/ 效果 / 绘制卡通形象插画 .fla。

04

第 4 章
文本的编辑

本章介绍

　　Animate 2020 具有强大的文本输入、编辑和处理功能。本章将详细讲解文本的编辑方法和应用技巧。读者通过学习可以了解并掌握文本相关的功能及特点，并能在完成设计制作任务的过程中充分地利用好文本的效果。

学习目标

- 熟练掌握文本的创建和编辑方法
- 了解文本的类型及属性设置
- 熟练运用文本的转换来编辑文本

素质目标

- 培养良好的语言理解能力
- 培养良好的组织和排版能力
- 培养语句通顺、含义清楚的文字表达能力

4.1 文本的类型及使用

创建动画时，利用文字可以更清楚地表达创作者的意图，而创建和编辑文字必须利用 Animate 2020 提供的"文本"工具才能实现。

4.1.1 课堂案例——制作耳机网站首页

案例学习目标

使用"属性"面板设置文字的属性。

案例知识要点

使用"文本"工具输入需要的文字；使用"属性"面板设置文字的字体、大小、颜色、行距和字符属性，效果如图 4-1 所示。

图 4-1

效果所在位置

云盘 /Ch04/ 效果 / 制作耳机网站首页 .fla。

（1）选择"文件 > 新建"命令，弹出"新建文档"对话框，在"详细信息"选项组中，将"宽"设为 1920，"高"设为 1000，在"平台类型"下拉列表中选择"ActionScript 3.0"选项，单击"创建"按钮，完成文档的创建。

（2）在"时间轴"面板中将"图层 _1"重命名为"底图"。选择"文件 > 导入 > 导入到舞台"命令，在弹出的"导入"对话框中，选择云盘中的"Ch04 > 素材 > 制作耳机网站首页 > 01"文件，单击"打开"按钮，文件被导入舞台窗口中，如图 4-2 所示。

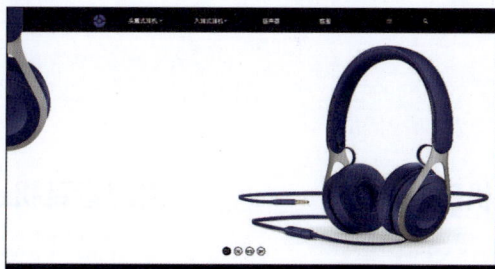

图 4-2

（3）在"时间轴"面板中创建一个新图层并将其命名为"标题"。选择"文本"工具 T，在"文本"工具"属性"面板"工具"选项卡中，将"字体"设为"方正正粗黑简体"，"大小"设为 68，"填充"设为黑色，其他选项的设置如图 4-3 所示。在舞台窗口中输入标题文字，效果如图 4-4 所示。

（4）选中图 4-5 所示的英文字母与数字，在工具箱中将"填充颜色"设为深蓝色（#11286F），效果如图 4-6 所示。

图 4-3　　　　　　　　图 4-4　　　　　　　　图 4-5　　　　　图 4-6

（5）在"时间轴"面板中创建一个新图层并将其命名为"介绍文"。选择"文本"工具 T，在"文本"工具"属性"面板"工具"选项卡中，将"字体"设为"方正兰亭黑简体"，"大小"设为 18，"字母间距"设为 2，"填充"设为黑色；单击"段落"选项组中的"两端对齐"按钮 ▤，"行距"设为 13，其他选项的设置如图 4-7 所示；在舞台窗口中单击并拖曳鼠标绘制 1 个文本框，如图 4-8 所示，在文本框中输入需要的文字，效果如图 4-9 所示。

图 4-7　　　　　　　　图 4-8　　　　　　　　图 4-9

（6）将鼠标指针放置在文本框的右上方，鼠标指针变为 ↔ 时，如图 4-10 所示，单击并向右拖曳到适当的位置，以调整文本框的宽度，效果如图 4-11 所示。

图 4-10　　　　　　　　图 4-11

（7）在"时间轴"面板中创建一个新图层并将其命名为"价位"。在"文本"工具"属性"面板"工具"选项卡中，将"字体"设为"微软雅黑"，"大小"设为 36，"填充"设为深蓝色（#11286F），其他选项的设置如图 4-12 所示；在舞台窗口中适当的位置输入符号，效果如图 4-13 所示。

图 4-12

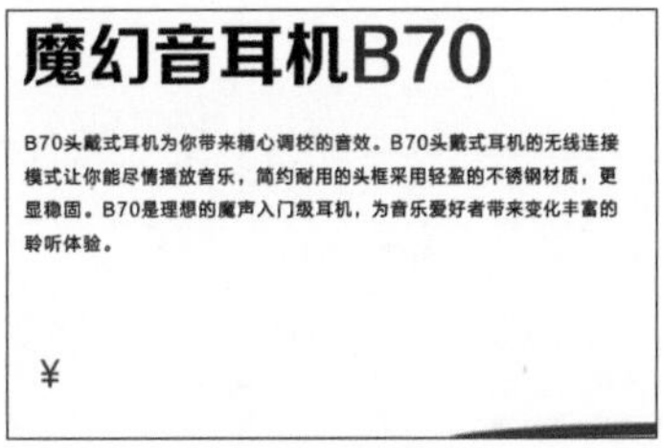

图 4-13

（8）在"文本"工具"属性"面板"工具"选项卡中，将"字体"设为"方正正粗黑简体"，"大小"设为 48，"填充"设为深蓝色（#11286F），其他选项的设置如图 4-14 所示；在舞台窗口中适当的位置输入数字，效果如图 4-15 所示。

图 4-14

图 4-15

（9）耳机网站首页制作完成，按 Ctrl+Enter 组合键即可查看效果，效果如图 4-16 所示。

图 4-16

4.1.2　创建文本

选择"文本"工具 T，选择"窗口 > 属性"命令，弹出"文本"工具"属性"面板，如图 4-17 所示。

将鼠标指针放置在舞台窗口中，鼠标指针变为时单击，出现文本输入光标，如图 4-18 所示，在光标处直接输入文字即可，效果如图 4-19 所示。

图 4-17　　　　　　　　　图 4-18　　　　　　　　　图 4-19

在舞台窗口中单击并拖曳鼠标绘制一个文本框，如图 4-20 所示，在文本框中输入文字，文字被限定在文本框中，如果输入的文字较多，会自动转到下一行显示，效果如图 4-21 所示。

图 4-20　　　　　　　　　　　　　图 4-21

向左拖曳文本框上方的方形控制点，可以缩小文字的行宽，效果如图 4-22 所示；向右拖曳控制点可以增大文字的行宽，效果如图 4-23 所示。

双击文本框上方的方形控制点，文字将转换成单行显示状态，并且方形控制点将转换为圆形控制点，效果如图 4-24 所示。

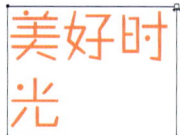

图 4-22　　　　　　　　　图 4-23　　　　　　　　　图 4-24

4.1.3　文本属性

下面以"传统文本"为例对各文字调整选项逐一介绍。文本"属性"面板如图 4-17 所示。

1. 设置文本的字体、大小、样式和颜色

● "字体"选项：设定选定字符或整个文本块的文字字体。

选中文字，如图 4-25 所示，选择"文本"工具"属性"面板"对象"选项卡，在"字符"选项组中单击"字体"下拉列表，如图 4-26 所示，选择需要的字体，文字的字体被转换，效果如图 4-27 所示。

图 4-25　　　　　　　　图 4-26　　　　　　　　图 4-27

● "大小"选项：设定选定字符或整个文本块的文字大小。该选项设定的值越大，文字越大。

选中文字，如图 4-28 所示，在"文本"工具"属性"面板"对象"选项卡中的"大小"数值框中输入想要设定的数值，或左右拖曳来改变数值，如图 4-29 所示，设定后文字的字号变小，效果如图 4-30 所示。

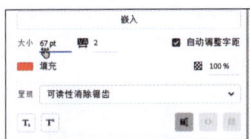

图 4-28　　　　　　　　图 4-29　　　　　　　　图 4-30

● "填充"按钮  填充：为选定字符或整个文本块的文字设定颜色。

选中文字，如图 4-31 所示，在"文本"工具"属性"面板"对象"选项卡中，单击"填充"按钮，弹出颜色设置面板，选择需要的颜色，如图 4-32 所示，为文字替换颜色，效果如图 4-33 所示。

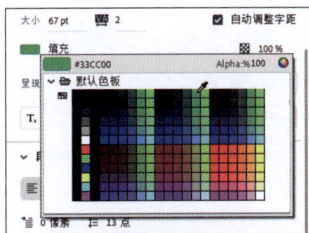

图 4-31　　　　　　　　图 4-32　　　　　　　　图 4-33

> **提示**
>
> 　　文字只能使用纯色，不能使用渐变色。要想为文本应用渐变色，必须将该文本转换为组成它的线条和填充色块。

● "改变文本方向"按钮 ：在该下拉菜单中选择需要的选项可以改变文字的排列方向。

选中文字，如图 4-34 所示，单击"改变文本方向"按钮 ，在其下拉菜单中选择"垂直，从左向右"命令，如图 4-35 所示，文字将从左向右垂直排列，效果如图 4-36 所示。如果在其下拉菜单中选择"垂直"命令，如图 4-37 所示，文字将从右向左垂直排列，效果如图 4-38 所示。

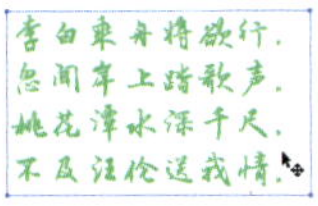

图 4-34 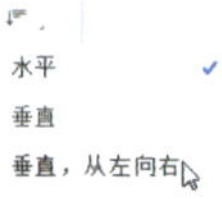　　　　图 4-35 　　　　图 4-36 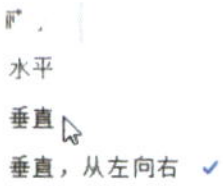　　　　图 4-37　　　　图 4-38

● "字母间距"选项 ▓ 。 ：设置需要的数值，控制字符之间的相对位置。

设置不同的字母间距，文字的效果也各不相同，如图 4-39 所示。

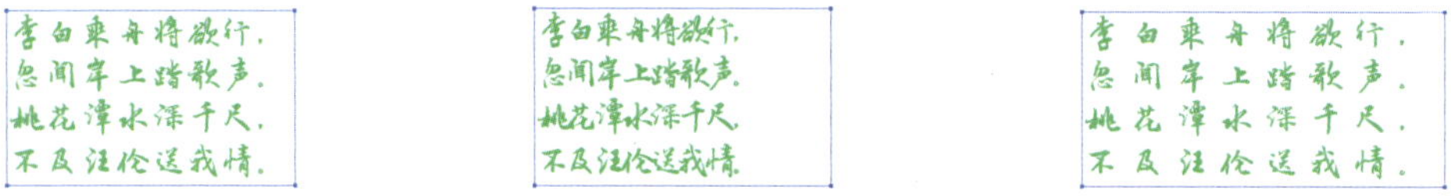

（a）间距为 0 时的效果　　　　（b）缩小间距后的效果　　　　（c）扩大间距后的效果

图 4-39

● "切换上标"按钮 ᴛ ：可将水平文本放在基线之上，或将垂直文本放在基线的右边。

● "切换下标"按钮 ᴛ ：可将水平文本放在基线之下，或将垂直文本放在基线的左边。

选中要设置字符位置的文字，单击"切换上标"按钮 ᴛ ，文字在基线以上，如图 4-40 所示。

图 4-40

设置不同的字符位置，文字的效果如图 4-41 所示。

（a）正常位置　　　　（b）上标位置　　　　（c）下标位置

图 4-41

2. 字体呈现方法

Animate 2020 中有 5 种不同的字体呈现选项，如图 4-42 所示。设置这些选项可以得到不同的样式。

图 4-42

● "使用设备字体"：此选项生成一个较小的 SWF 文件。此选项使用用户计算机上当前安装的 字体来呈现文本。

● "位图文本［无消除锯齿］"：此选项生成明显的文本边缘，没有消除锯齿。因为此选项生成 的 SWF 文件中包含字体轮廓，所以文件较大。

● "动画消除锯齿"：此选项生成可顺畅进行动画播放的消除锯齿文本。因为在文本动画播放时没有应用对齐和消除锯齿，所以在某些情况下，文本动画还可以更快地播放。在使用带有许多字母的大字体或缩放字体时，可能看不到性能上的提高。因为此选项生成的 SWF 文件中包含字体轮廓，所以以文件较大。

● "可读性消除锯齿"：此选项使用高级消除锯齿引擎，提供了品质最高的文本，具有最易读的文本。因为此选项生成的文件中包含字体轮廓，以及特定的消除锯齿信息，所以生成的 SWF

文件最大。

- "自定义消除锯齿"：此选项与"可读性消除锯齿"选项相同，但是可以直观地操作消除锯齿参数，以生成特定外观。此选项在为新字体或不常见的字体生成最佳的外观方面非常有用。

3. 设置字符与段落

文本排列方式按钮可以将文字以不同的形式进行排列。

- "左对齐"按钮 ≡：将文字与文本框的左边线对齐。
- "居中对齐"按钮 ≡：将文字与文本框的中线对齐。
- "右对齐"按钮 ≡：将文字与文本框的右边线对齐。
- "两端对齐"按钮 ≡：将文字与文本框的两端对齐。

在舞台窗口中输入一段文字，选择不同的文本排列方式，文字排列的效果如图 4-43 所示。

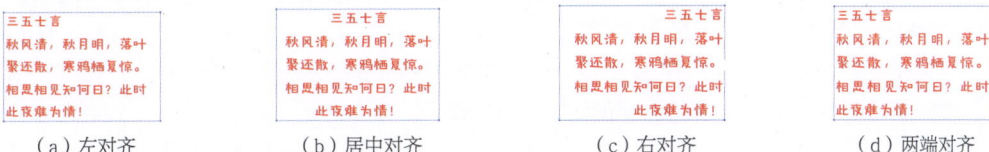

（a）左对齐　　　（b）居中对齐　　　（c）右对齐　　　（d）两端对齐

图 4-43

- "缩进"选项 ≣：用于调整文本段落的首行缩进。
- "行距"选项 ≣：用于调整文本段落的行距。
- "左边距"选项 ≣：用于调整文本段落的左侧间隙。
- "右边距"选项 ≣：用于调整文本段落的右侧间隙。

选中文本段落，如图 4-44 所示，在"段落"选项组中进行设置，如图 4-45 所示，设置后，文本段落的格式发生改变，效果如图 4-46 所示。

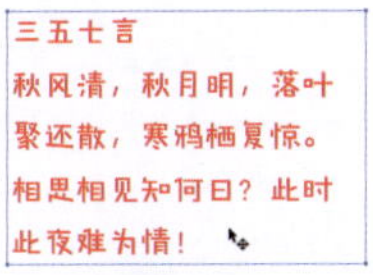

图 4-44　　　　　　　　图 4-45 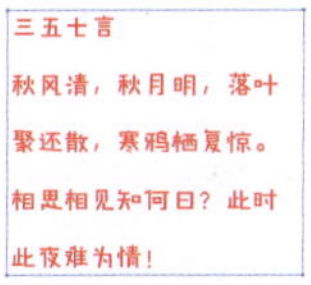　　　　　　　　图 4-46

4. 设置文本超链接

"链接"选项：可以在该文本框中直接输入网址，使当前文字成为超链接文字。

"目标"选项：可以设置超链接的打开方式，有以下 4 种方式可以选择。

- "_blank"：链接页面在新打开的浏览器中打开。
- "_parent"：链接页面在父框架中打开。
- "_self"：链接页面在当前框架中打开。
- "_top"：链接页面在默认的顶部框架中打开。

选中文字，如图 4-47 所示，选择"文本"工具"属性"面板，在"链接"文本框中输入链接的网址，如图 4-48 所示，在"目标"选项中设置好超链接的打开方式，设置完成后文字的下方出现下划线，表示已经链接成功，效果如图 4-49 所示。

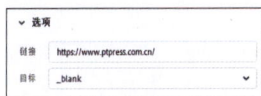

图 4-47　　　　　　　　图 4-48 　　　　　　　　图 4-49

> **提示** 文本只有在水平方向排列时，超链接功能才可用。当文本以垂直方向排列时，超链接功能不可用。

4.1.4　静态文本

选择"静态文本"选项，"属性"面板如图 4-50 所示。单击"可选"按钮 ，当文件输出为 SWF 格式时，可以对影片中的文字进行选取、复制操作。

4.1.5　动态文本

选择"动态文本"选项，"属性"面板如图 4-51 所示。动态文本可以作为对象来应用。

在"字符"选项组中，"实例名称"文本框可以设置动态文本的名称；"将文本呈现为 HTML"按钮 使文本支持 HTML 标签特有的字体格式、超链接等超文本格式；"在文本周围显示边框"按钮 可以为文本设置白色的背景和黑色的边框。

"段落"选项组中的"行为"下拉列表中包括单行、多行和多行不换行选项。"单行"选项：文本以单行方式显示。"多行"选项：如果输入的文本大于设置的文本限制，输入的文本将被自动换行。"多行不换行"选项：输入的文本为多行时，不会自动换行。

"选项"选项组中的"变量"选项可以将文本框定义为保存字符串数据的变量。此选项需结合动作脚本使用。

4.1.6　输入文本

选择"输入文本"选项，"属性"面板如图 4-52 所示。

图 4-50

图 4-51

图 4-52

"段落"选项组中的"行为"下拉列表中新增加了"密码"选项，选择"密码"选项后，当文件输出为 SWF 格式时，影片中的文字将显示为星号（＊＊＊＊）。

"选项"选项组中的"最大字符数"选项可以设置输入文字的最大数值。默认值为 0，即不限制。如设置数值，此数值即为输出 SWF 影片时，显示文字的最大数目。

4.1.7　嵌入字体

从 Animate 2020 开始，对于包含文本的任何文本对象使用的所有字符，均会自动嵌入。如果用户自己创建嵌入字体元件，就可以使文本对象使用其他字符。对于"消除锯齿"属性设置为"使用设备字体"的文本对象，没有必要嵌入字体。指定要在 FLA 文件中嵌入的字体后，Animate 会在用户发布 SWF 文件时嵌入指定的字体。

在"文本"工具"属性"面板中，单击"字符"选项组中的"嵌入"按钮，弹出"字体嵌入"对话框，如图 4-53 所示。

图 4-53

在"字体嵌入"对话框中可以单击"添加新字体"按钮 **+**，将新嵌入的字体添加到 FLA 文件中。可以单击"删除所选字体"按钮 **-**，将已添加的字体删除。在对话框中右侧的"选项"选项卡中可以选择要嵌入字体的"系列"和"样式"，以及要嵌入的字符范围。如果要嵌入任何其他特定字符，可以在"还包含这些字符"文本框中输入其他特定字符。

切换到"ActionScript"选项卡，如图 4-54 所示。勾选"为 ActionScript 导出"复选框，其他选项将进入可编辑状态，如图 4-55 所示。"分级显示格式"选项组是针对"FTE 文本"和"传统文本"进行设置的。如果是 FTE 文本，可以选择"FTE(DF4)"作为分级显示格式；如果是传统文本，可以选择"传统 (DF3)"作为分级显示格式。

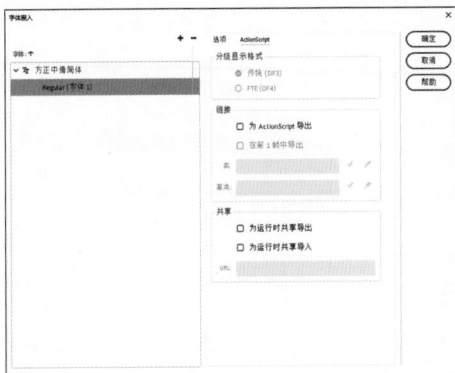

图 4-54

图 4-55

4.2 文本的转换

在 Animate 2020 中输入文本后，可以根据设计制作的需要对文本进行编辑，如对文本进行变形处理或为文本填充渐变色。

4.2.1 课堂案例——制作服饰类 App 主页 Banner

案例学习目标

使用变形命令对文字进行变形。

案例知识要点

使用“文本”工具输入需要的文字；使用“分离”命令将文字打散；使用“封套”命令对文字进行变形，效果如图 4-56 所示。

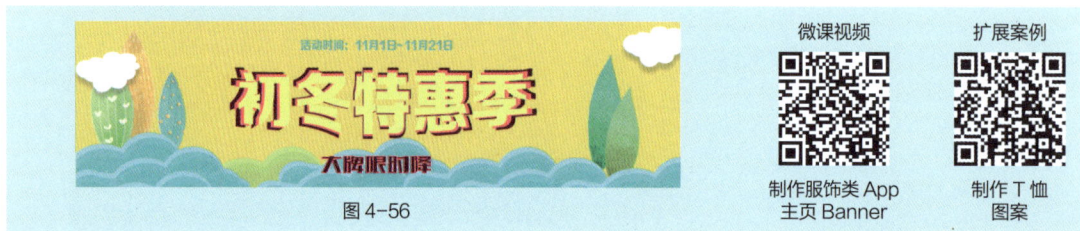

图 4-56

微课视频
制作服饰类 App 主页 Banner

扩展案例
制作 T 恤图案

效果所在位置

云盘 /Ch04/ 效果 / 制作服饰类 App 主页 Banner.fla。

（1）选择“文件 > 新建”命令，弹出“新建文档”对话框，在“详细信息”选项组中，将“宽”选项设为 750，“高”选项设为 200，在“平台类型”下拉列表中选择“ActionScript 3.0”选项，单击“创建”按钮，完成文档的创建。

（2）选择“文件 > 导入 > 导入到舞台”命令，在弹出的“导入”对话框中，选择云盘中的“Ch04 > 素材 > 制作服饰类 App 主页 Banner > 01”文件，单击“打开”按钮，弹出“将‘01.ai’导入到舞台”对话框，单击“导入”按钮，文件被导入舞台窗口中，如图 4-57 所示。将“图层_1”重命名为“底图”，如图 4-58 所示。

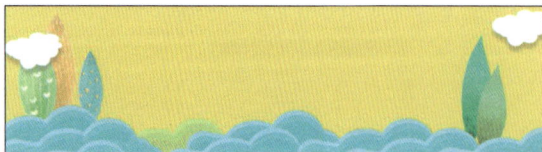

图 4-57

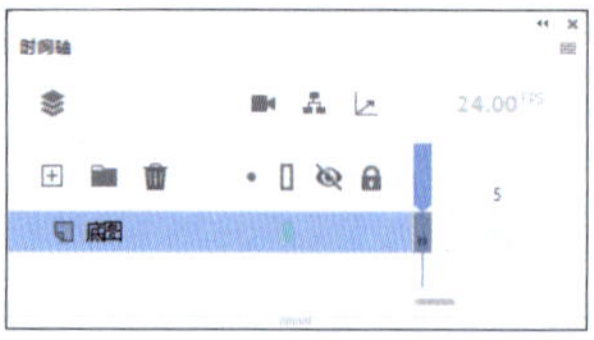

图 4-58

（3）在“时间轴”面板中创建一个新图层并将其命名为“日期”。选择“文本”工具T，在“文本”工具“属性”面板“工具”选项卡中，将“字体”设为“方正正大黑简体”，“大小”设为 14，“填充”设为蓝色（#4EC6C7），其他选项的设置如图 4-59 所示；在舞台窗口中输入需要的文字，效果如图 4-60 所示。

图 4-59

图 4-60

（4）在"时间轴"面板中创建一个新图层并将其命名为"初冬特惠季"。选择"文本"工具**T**，在"文本"工具"属性"面板"工具"选项卡中，将"字体"设为"方正正大黑简体"，"大小"设为 78，"填充"设为棕色（#5F0A13），其他选项的设置如图 4-61 所示；在舞台窗口中输入需要的文字，效果如图 4-62 所示。

图 4-61

图 4-62

（5）选中输入的文字"初冬特惠季"，按两次 Ctrl+B 组合键，将其打散，效果如图 4-63 所示。选择"修改 > 变形 > 封套"命令，文字图形上出现控制点，如图 4-64 所示。

（6）将鼠标指针放在下方中间的控制点上，鼠标指针变为▷，拖曳控制点，如图 4-65 所示。调整文字图形上的其他控制点，使文字图形产生相应的变形，效果如图 4-66 所示。

图 4-63

图 4-64

图 4-65

图 4-66

（7）用鼠标右键单击"时间轴"面板中的"初冬特惠季"图层，在弹出的菜单中选择"复制图层"命令，并将复制的图层重命名为"初冬特惠季 1"，如图 4-67 所示。保持图形的选取状态，在工具箱中将"填充颜色"设为玫红色（#FF5570），效果如图 4-68 所示。

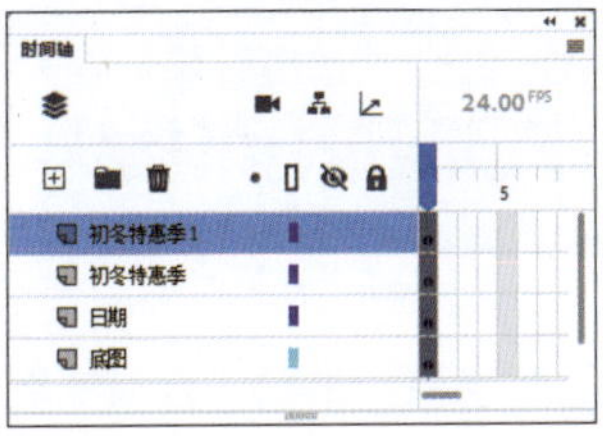

图 4-67

图 4-68

（8）按 Ctrl+T 组合键，弹出"变形"面板，设置"缩放宽度"为 97%，"缩放高度"为 95%，如图 4-69 所示，效果如图 4-70 所示。

图 4-69　　　　　　　　　　　　　　　　　　　图 4-70

（9）用鼠标右键单击"时间轴"面板中的"初冬特惠季 1"图层，在弹出的菜单中选择"复制图层"命令，并将复制的图层重命名为"初冬特惠季 2"。保持图形的选取状态，在工具箱中将"填充颜色"设为黄色（#FFF836），效果如图 4-71 所示。

（10）按 Ctrl+T 组合键，弹出"变形"面板，设置"缩放宽度"为 97%，"缩放高度"为 95%，效果如图 4-72 所示。

（11）在"时间轴"面板中创建一个新图层并将其命名为"文字"。选择"文本"工具 T，在"文本"工具"属性"面板"工具"选项卡中，将"字体"设为"方正粗谭黑简体"，"大小"设为 28，"填充"设为棕色（#5F0A13）；在舞台窗口中输入需要的文字，效果如图 4-73 所示。

（12）选中输入的文字"大牌限时降"，按 Ctrl+C 组合键，将其复制。按两次 Ctrl+B 组合键，将其打散，效果如图 4-74 所示。按 Esc 键，取消对图形的选择。

图 4-71　　　　　　图 4-72　　　　　　图 4-73　　　　　　图 4-74

（13）选择"墨水瓶"工具，在"墨水瓶"工具"属性"面板"工具"选项卡中，将"笔触"设为玫红色（#FF5570），"笔触大小"设为 1，其他选项的设置如图 4-75 所示。在文字的外轮廓线上单击，为文字添加外边框，效果如图 4-76 所示。

图 4-75　　　　　　　　　　　　　　　　　　　图 4-76

（14）按 Ctrl+Shift+V 组合键，将步骤（12）中复制的文字原位粘贴，效果如图 4-77 所示。服饰类 App 主页 Banner 制作完成，按 Ctrl+Enter 组合键即可查看效果，如图 4-78 所示。

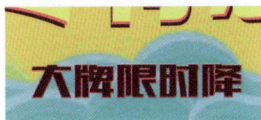

图 4-77   图 4-78

4.2.2　变形文本

在舞台窗口中输入需要的文字，并选中文字，如图 4-79 所示。按两次 Ctrl+B 组合键，将文字打散，效果如图 4-80 所示。

选择"修改 > 变形 > 封套"命令，文字的周围出现控制点，如图 4-81 所示。拖曳控制点，改变文字的形状，如图 4-82 所示。变形完成后文字效果如图 4-83 所示。

图 4-79　　　　　图 4-80　　　　　图 4-81　　　　　图 4-82　　　　　图 4-83

4.2.3　填充文本

在舞台窗口中输入需要的文字，并选中文字，如图 4-84 所示。按两次 Ctrl+B 组合键，将文字打散，效果如图 4-85 所示。

选择"窗口 > 颜色"命令，弹出"颜色"面板，在"颜色类型"下拉列表中选择"径向渐变"，在颜色滑动色带上设置渐变颜色，如图 4-86 所示。设置渐变颜色后的文字效果如图 4-87 所示。

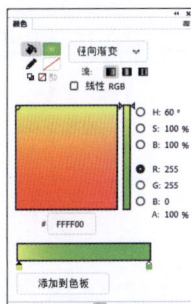

图 4-84　　　　　图 4-85　　　　　图 4-86　　　　　图 4-87

选择"墨水瓶"工具，在"墨水瓶"工具"属性"面板"工具"选项卡中，将"笔触"设为玫红色（#FF5570），"笔触大小"设为 3，其他选项的设置如图 4-88 所示。在文字的外轮廓线上单击，为文字添加外边框，效果如图 4-89 所示。

图 4-88   图 4-89

课堂练习——制作水果标牌

练习知识要点

使用"文本"工具输入文字；使用"分离"命令将文字打散；使用"封套"命令对文字进行变形；使用"墨水瓶"工具为文字添加描边效果，效果如图 4-90 所示。

微课视频

制作水果标牌

图 4-90

效果所在位置

云盘 /Ch04/ 效果 / 制作水果标牌 .fla。

课后习题——制作博物馆海报

习题知识要点

使用"文本"工具输入文字，使用"属性"面板设置文字的字体、大小、颜色、行距和字符属性，效果如图 4-91 所示。

微课视频

制作博物馆
海报

图 4-91

效果所在位置

云盘 /Ch04/ 效果 / 制作博物馆海报 .fla。

05

第 5 章
外部素材的应用

本章介绍

　　Animate 2020 可以导入外部的图像和视频素材来增强画面效果。本章将介绍导入外部素材以及设置外部素材属性的方法。读者通过学习可以了解并掌握如何应用 Animate 2020 的强大功能来处理和编辑外部素材，使其与内部素材充分结合，从而制作出更加生动的动画作品。

学习目标

✓ 了解图像和视频素材的格式
✓ 掌握图像素材的导入和编辑方法
✓ 掌握视频素材的导入和编辑方法

素质目标

✓ 培养能够合理定制学习计划的能力
✓ 培养能够提出问题和解决问题的能力
✓ 培养借助互联网获取有效信息的能力

5.1 图像素材的应用

Animate 2020 可以导入各种文件格式的矢量图形和位图。

5.1.1 课堂案例——制作运动鞋广告

案例学习目标

使用"转换位图为矢量图"命令进行图像的转换。

案例知识要点

使用"导入到库"命令导入素材文件；使用"转换位图为矢量图"命令将位图转换为矢量图形，效果如图 5-1 所示。

微课视频   扩展案例

制作运动鞋   制作饮品
广告   广告

图 5-1

效果所在位置

云盘 /Ch05/ 效果 / 制作运动鞋广告 .fla。

（1）选择"文件 > 新建"命令，弹出"新建文档"对话框，在"详细信息"选项组中，将"宽"设为 1920，"高"设为 1000，在"平台类型"下拉列表中选择"ActionScript 3.0"选项，单击"创建"按钮，完成文档的创建。

（2）选择"文件 > 导入 > 导入到库"命令，在弹出的"导入到库"对话框中，选择云盘中的"Ch05 > 素材 > 制作运动鞋广告 > 01 ~ 04"文件，单击"打开"按钮，文件被导入"库"面板中，如图 5-2 所示。

（3）将"图层_1"重命名为"底图"。将"库"面板中的位图"01"拖曳到舞台窗口中，并放置在与舞台中心重叠的位置，效果如图 5-3 所示。

图 5-2

（4）在"时间轴"面板中创建一个新图层并将其命名为"鞋子"，如图 5-4 所示。将"库"面板中的位图"02"拖曳到舞台窗口中，并放置在适当的位置，效果如图 5-5 所示。

（5）选择"修改 > 位图 > 转换位图为矢量图"命令，弹出"转换位图为矢量图"对话框，在对话框中对各选项进行设置，如图 5-6 所示，单击"确定"按钮，效果如图 5-7 所示。

图 5-3

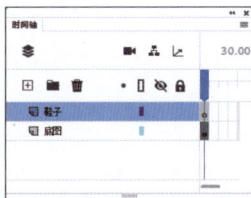

图 5-4

图 5-5

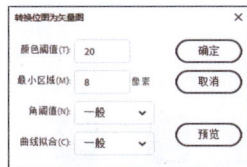

图 5-6

（6）在"时间轴"面板中创建一个新图层并将其命名为"装饰"。将"库"面板中的位图"03"拖曳到舞台窗口中，并放置在适当的位置，效果如图 5-8 所示。

（7）在"时间轴"面板中创建一个新图层并将其命名为"文字"。将"库"面板中的位图"04"拖曳到舞台窗口中，并放置在适当的位置，效果如图 5-9 所示。运动鞋广告制作完成，按 Ctrl+Enter 组合键即可查看效果。

图 5-7

图 5-8

图 5-9

5.1.2 图像素材的格式

Animate 2020 可以导入各种文件格式的矢量图形和位图。矢量格式文件包括 Adobe Illustrator 文件、EPS 文件和 PDF 文件，位图格式包括 JPEG、GIF、PNG、BMP 等格式。

- Adobe Illustrator 文件：支持对曲线、线条样式和填充信息等进行非常精确的转换。
- EPS 文件和 PDF 文件：可以导入任何版本的 EPS 文件以及 1.4 版本或更低版本的 PDF 文件。
- JPEG 格式：一种压缩格式，可以按不同的压缩比例对文件进行压缩。压缩后，文件质量损失小，文件变小。
- GIF 格式：位图交换格式，是一种 256 色的位图格式，压缩率略低于 JPEG 格式。
- PNG 格式：能把位图文件压缩到极限以利于网络传输，能保留所有与位图品质有关的信息。该格式支持透明位图。
- BMP 格式：在 Windows 环境下使用最为广泛，而且使用时最不容易出问题。但由于文件较大，一般在网上传输时，不考虑该格式。

5.1.3 导入图像素材

Animate 2020 可以识别多种不同的位图和矢量图的文件格式。制作者可以通过导入或粘贴的方法将素材引入 Animate 2020 中。

1. 导入到舞台

（1）导入位图到舞台：当导入位图到舞台时，舞台上显示出该位图，位图同时被保存在"库"面板中。

选择"文件 > 导入 > 导入到舞台"命令，弹出"导入"对话框，在对话框中选择云盘中的"基础素材 > Ch05 > 01"文件，如图 5-10 所示。单击"打开"按钮，弹出提示对话框，如图 5-11 所示。

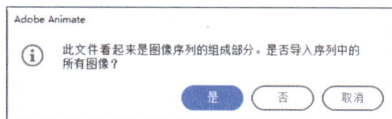

　　图 5-10　　　　　　　　　　　　　　　　　　　图 5-11

当单击"否"按钮时，选择的位图图片"01"被导入舞台中，这时，舞台、"库"面板和"时间轴"所显示的效果分别如图 5-12 ～图 5-14 所示。

　　图 5-12　　　　　　　　　图 5-13　　　　　　　　　图 5-14

当单击"是"按钮时，位图图片 01 ～ 04 全部被导入舞台中，这时，舞台、"库"面板和"时间轴"所显示的效果如图 5-15 ～图 5-17 所示。

　　图 5-15　　　　　　　　　图 5-16　　　　　　　　　图 5-17

提示　　可以用各种方式将多种位图导入 Animate 2020 中，并且可以从 Animate 2020 中启动 Fireworks 或其他外部图像编辑器，从而在这些应用程序中修改导入的位图。可以对导入的位图应用压缩和消除锯齿功能，以控制位图在 Animate 2020 中的大小和外观，还可以将导入的位图作为填充应用到对象中。

（2）导入矢量图到舞台：当导入矢量图到舞台上时，舞台上显示该矢量图，但矢量图并不会被保存到"库"面板中。

选择"文件 > 导入 > 导入到舞台"命令，弹出"导入"对话框，在对话框中选择云盘中的"基础素材 > Ch05 > 05"文件。单击"打开"按钮，弹出"将'05.ai'导入到舞台"对话框，如图 5-18 所示。单击"导入"按钮，矢量图被导入舞台中，如图 5-19 所示。此时，查看"库"面板，可以发现并没有保存矢量图"05"文件，如图 5-20 所示。

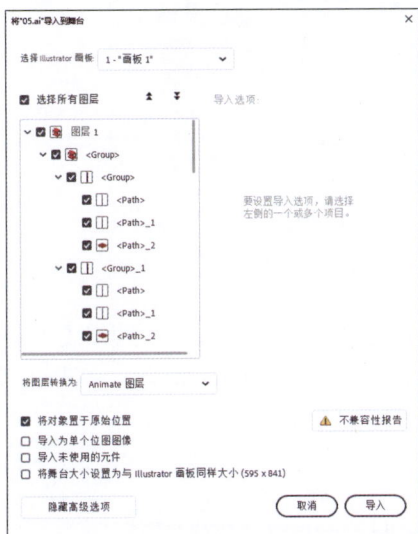

图 5-18

图 5-19

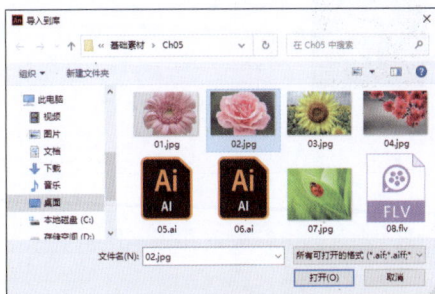

图 5-20

2. 导入到库

（1）导入位图到库：当导入位图到"库"面板时，舞台上不显示该位图，只在"库"面板中显示。

选择"文件 > 导入 > 导入到库"命令，弹出"导入到库"对话框，在对话框中选择云盘中的"基础素材 > Ch05 > 02"文件，如图 5-21 所示。单击"打开"按钮，位图被导入"库"面板中，如图 5-22 所示。

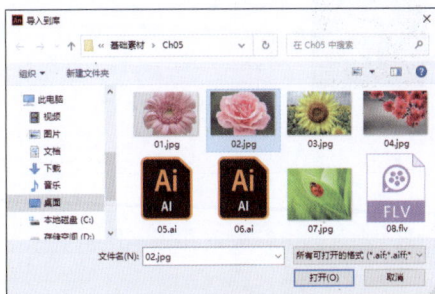

图 5-21

图 5-22

（2）导入矢量图到库：当导入矢量图到"库"面板时，舞台上不显示该矢量图，只在"库"面板中显示。

选择"文件 > 导入 > 导入到库"命令，弹出"导入到库"对话框，在对话框中选择"基础素材 > Ch05 > 06"文件，单击"打开"按钮，弹出"将'06.ai'导入到库"对话框，如图 5-23 所示。单击"导入"按钮，矢量图被导入"库"面板中，如图 5-24 所示。

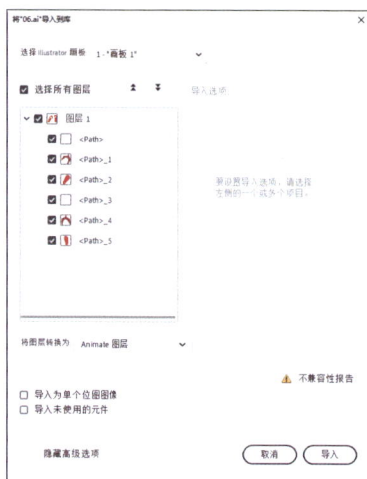

图 5-23

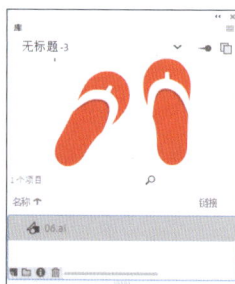

图 5-24

3. 外部粘贴

可以将其他程序或文档中的位图粘贴到 Animate 2020 的舞台中。方法为先在其他程序或文档中复制位图，然后选中 Animate 2020 文档，按 Ctrl+V 组合键，将复制的位图进行粘贴，位图将出现在 Animate 2020 文档的舞台中。

5.1.4 设置导入位图的属性

对于导入的位图，用户可以根据需要消除锯齿，从而平滑图像的边缘，或选择压缩选项以减小位图文件的大小，以及格式化文件方便在 Web 上显示。这些变化都需要在"位图属性"对话框中进行设置。

在"库"面板中双击位图图标，如图 5-25 所示，弹出"位图属性"对话框，如图 5-26 所示。

图 5-25

图 5-26

- 位图浏览区域：对话框的左侧为位图浏览区域，将鼠标指针放置在此区域，鼠标指针变为手形，拖曳鼠标可移动区域中的位图。
- 位图名称编辑区域：对话框的右上方为名称编辑区域，可以在此更改位图的名称。
- 位图基本情况区域：名称编辑区域下方为基本情况区域，该区域显示了位图的创建日期、文件大小、像素位数以及位图在计算机中的具体位置。
- "允许平滑"选项：利用消除锯齿功能平滑位图边缘。
- "压缩"下拉列表：设定通过何种方式压缩图像，此下拉列表包含以下两种方式："照片 (JPEG)"，以 JPEG 格式压缩图像，可以调整图像的压缩比；"无损 (PNG/GIF)"，使用无损压缩格式压缩图像，这样不会丢失图像中的任何数据。

- "使用导入的 JPEG 数据"选项：选择此单选项，位图则应用默认的压缩品质；不选择此单选项，则选择"自定义"单选项，如图 5-27 所示。可以在"自定义"选项的数值框中输入 1 ~ 100 的值，以指定新的压缩品质。"自定义"选项中的数值设置得越高，保留的图像越完整，但是产生的文件也越大。

图 5-27

- "更新"按钮：如果此图片在其他文件中被更改了，单击此按钮可以进行刷新。
- "导入"按钮：导入新的位图，替换原有的位图。单击此按钮，弹出"导入位图"对话框，在对话框中选中要用于替换的位图，如图 5-28 所示，单击"打开"按钮，原有位图被替换，如图 5-29 所示。

图 5-28

图 5-29

- "测试"按钮：单击此按钮可以预览文件压缩后的效果。

在"品质"选项的"自定义"数值框中输入数值，如图 5-30 所示，再单击"测试"按钮，在对话框左侧的位图浏览区域中，可以观察压缩后的位图的质量，如图 5-31 所示。

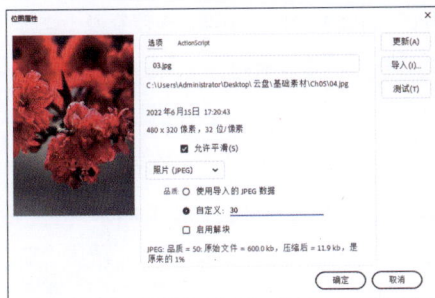

图 5-30

图 5-31

当"位图属性"对话框中的所有选项设置完成后，单击"确定"按钮即可。

5.1.5　将位图转换为图形

使用 Animate 2020 可以将位图转换为可编辑的图形，转换后位图仍然保留它原来的细节，并且可以使用绘画工具和涂色工具来选择和修改位图的区域。

在舞台中导入位图，选择"画笔"工具 ，在位图上绘制线条，如图 5-32 所示，松开鼠标后，线条只能在位图下方显示，效果如图 5-33 所示。

在舞台中导入位图，选中位图，选择"修改 > 分离"命令，或按 Ctrl+B 组合键，将位图打散，效果如图 5-34 所示。然后选择"画笔"工具 ，在位图上进行绘制，如图 5-35 所示。

图 5-32　　　　　　图 5-33　　　　　　图 5-34　　　　　　图 5-35

选择"选择"工具 ，改变图形形状或删减图形，效果如图 5-36 和图 5-37 所示。选择"橡皮擦"工具 ，擦除图形，效果如图 5-38 所示。

图 5-36　　　　　　　　　　图 5-37　　　　　　　　　　图 5-38

选择"墨水瓶"工具 ，为图形添加外边框，效果如图 5-39 所示。选择"魔术棒"工具 ，在图形的红色花瓣上面单击，将红色部分选中，如图 5-40 所示，按 Delete 键，删除选中的图形，效果如图 5-41 所示。

图 5-39　　　　　　　　　　图 5-40　　　　　　　　　　图 5-41

> **提示**
>
> 　　将位图转换为图形后，图形不再链接到"库"面板中的位图组件。也就是说，当修改打散后的图形时不会对"库"面板中相应的位图组件产生影响。

5.1.6　将位图转换为矢量图

导入云盘中的"基础素材 > Ch05 > 07"文件。选中位图，如图 5-42 所示，选择"修改 > 位图 > 转换位图为矢量图"命令，弹出"转换位图为矢量图"对话框，如图 5-43 所示，单击"确定"按钮，位图转换为矢量图，如图 5-44 所示。

图 5-42 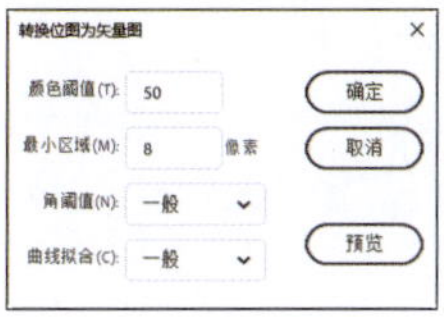   图 5-43    图 5-44

- "颜色阈值"选项：设置将位图转化成矢量图形时的色彩细节。数值的输入范围为 0 ~ 500，该值越大，图像越细腻。
- "最小区域"选项：设置将位图转化成矢量图形时色块的大小。数值的输入范围为 0 ~ 1000，该值越大，色块越大。
- "角阈值"选项：定义角转化的精细程度。
- "曲线拟合"选项：设置在转换过程中对色块处理的精细程度。图形转化时边缘越光滑，图像细节的失真程度越高。

在"转换位图为矢量图"对话框中设置不同的数值，所产生的效果也不相同，如图 5-45 所示。

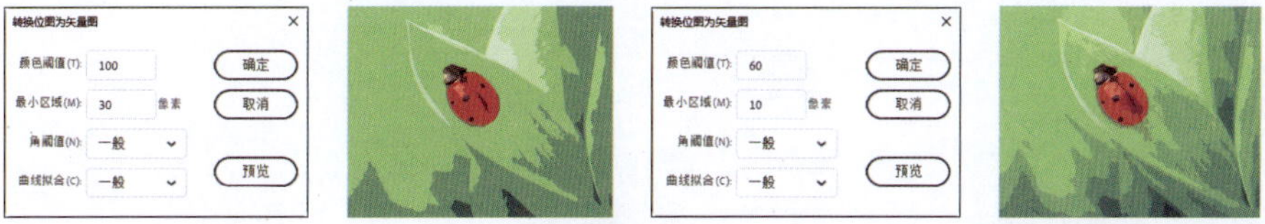

图 5-45

将位图转换为矢量图形后，可以应用"颜料桶"工具 为其重新填色。

选择"颜料桶"工具 ，在工具箱中将"填充颜色"设置为橘黄色（#FF6600），在图形的红色区域单击，将红色区域填充为橘黄色，效果如图 5-46 所示。

将位图转换为矢量图形后，还可以用"滴管"工具 对图形进行采样，然后将其用作填充色。

选择"滴管"工具 ，鼠标指针变为 ，在绿色区域单击，吸取绿色的色彩值，如图 5-47 所示。吸取后，鼠标指针变为 ，在橘黄色区域单击，橘黄色区域将被绿色填充，效果如图 5-48 所示。

图 5-46    图 5-47    图 5-48

5.2　视频素材的应用

在 Animate 2020 中，可以导入外部的视频素材并将其应用到动画作品中，可以根据需要导入不同格式的视频素材并设置视频素材的属性。

5.2.1　课堂案例——制作手机界面

案例学习目标

使用"导入"命令导入视频。

案例知识要点

使用"导入视频"命令导入视频；使用"矩形"工具绘制矩形装饰，效果如图 5-49 所示。

效果所在位置

云盘 /Ch05/ 效果 / 制作手机界面 .fla。

（1）选择"文件 > 新建"命令，弹出"新建文档"对话框，在"详细信息"选项组中，将"宽"设为 750，"高"设为 1334，在"平台类型"下拉列表中选择"ActionScript 3.0"选项，单击"创建"按钮，完成文档的创建。

（2）将"图层_1"重命名为"底图"。选择"文件 > 导入 > 导入到舞台"命令，在弹出的"导入"对话框中，选择云盘中的"Ch05 > 素材 > 制作手机界面 > 01"文件，将文件导入舞台窗口中，效果如图 5-50 所示。

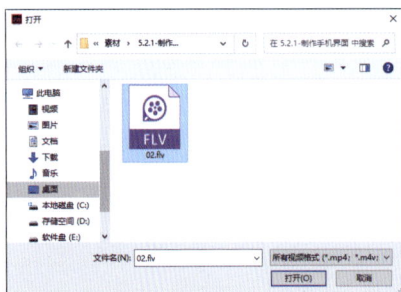

图 5-49　　　　　　　　　　图 5-50

（3）在"时间轴"面板中创建一个新图层并将其命名为"视频"。选择"文件 > 导入 > 导入视频"命令，在弹出的"导入视频"对话框中，单击"文件路径"右侧的"浏览"按钮 浏览 ，在弹出的"打开"对话框中选择"Ch05 > 素材 > 5.2.1- 制作手机界面 > 02"文件，如图 5-51 所示。单击"打开"按钮，回到"导入视频"对话框中，选择"在 SWF 中嵌入 FLV 并在时间轴中播放"单选项，如图 5-52 所示。

图 5-51　　　　　　　　　　　　　　图 5-52

（4）单击"下一步"按钮，进入"嵌入"界面，该界面中的设置如图 5-53 所示。单击"下一步"按钮，进入"完成视频导入"界面，如图 5-54 所示，单击"完成"按钮即可完成视频的导入，

"02"视频文件被导入舞台窗口中，效果如图 5-55 所示。选中"底图"图层的第 82 帧，按 F5 键，插入普通帧，如图 5-56 所示。

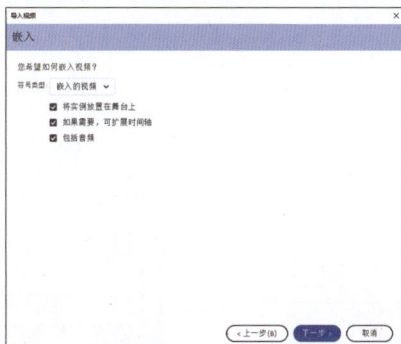

图 5-53   图 5-54

图 5-55

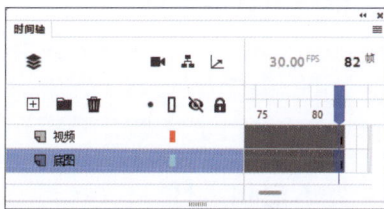

图 5-56

（5）选择"选择"工具▶，在舞台窗口中选中视频文件，在"属性"面板"对象"选项卡中，将"X"设为 216，"Y"设为 770，如图 5-57 所示。

（6）在"时间轴"面板中创建一个新图层并将其命名为"矩形"。选择"矩形"工具▢，在工具箱中单击下方的"对象绘制"按钮▣，将"笔触颜色"设为无，"填充颜色"设为黑色，在舞台窗口中绘制 1 个矩形。选择"选择"工具▶，选中绘制的黑色矩形，在"属性"面板"对象"选项卡中，将"X"设为 375，"Y"设为 841，如图 5-58 所示。

图 5-57   图 5-58

（7）用鼠标右键单击"矩形"图层，在弹出的菜单中选择"遮罩层"命令，将"矩形"图层设为遮罩层，"视频"图层设为被遮罩的层，如图 5-59 所示。

（8）在"时间轴"面板中创建一个新图层并将其命名为"文字装饰"。选择"文件 > 导入 > 导入到舞台"命令，在弹出的"导入"对话框中，选择云盘中的"Ch05 > 素材 > 制作手机界面 > 03"文件，将文件导入舞台窗口中，效果如图 5-60 所示。手机界面制作完成后，按 Ctrl+Enter 组合键即可查看效果，效果如图 5-61 所示。

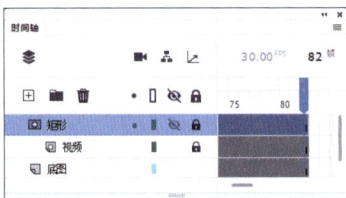

图 5-59　　　　　　　　　　图 5-60　　　　　　　　　　图 5-61

5.2.2　视频素材的格式

Animate 2020 版本对导入的视频格式重新做了调整，可以导入 FLV、F4V、MP4 和 MOV 等格式的视频。其中 MP4 和 MOV 格式的视频需要使用播放组件加载外部视频选项导入，而 FLV 视频格式是当前网页视频的主流格式。

5.2.3　导入视频素材

1．F4V

F4V 是 Adobe 公司为了迎接高清时代而推出的继 FLV 格式后的流媒体格式，它支持 H.264。它和 FLV 主要的区别在于，FLV 格式采用的是 H.263 编码，而 F4V 则支持 H.264 编码的高清视频，码率最高可达 50Mbps。

2．FLV

FLASH VIDEO（FLV）文件可以导入或导出带编码音频的静态视频流，适用于通信应用程序，例如视频会议、包含从 Adobe 的 Macromedia Animate Media Server 中导出的屏幕共享编码数据的文件等。

要导入 FLV 格式的文件，可以选择"文件 > 导入 > 导入视频"命令，弹出"导入视频"对话框，单击"浏览"按钮，弹出"打开"对话框，在对话框中选择云盘中的"基础素材 > Ch05 > 08"文件。单击"打开"按钮，返回到"导入视频"对话框，在对话框中选择"在 SWF 中嵌入 FLV 并在时间轴中播放"单选项，如图 5-62 所示，单击"下一步"按钮。

图 5-62

进入"嵌入"界面，如图 5-63 所示，单击"下一步"按钮，进入"完成视频导入"界面，如图 5-64 所示，单击"完成"按钮完成视频的导入。

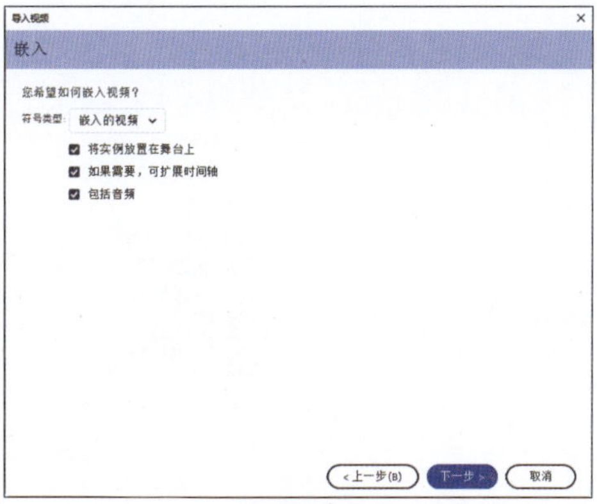

图 5-63 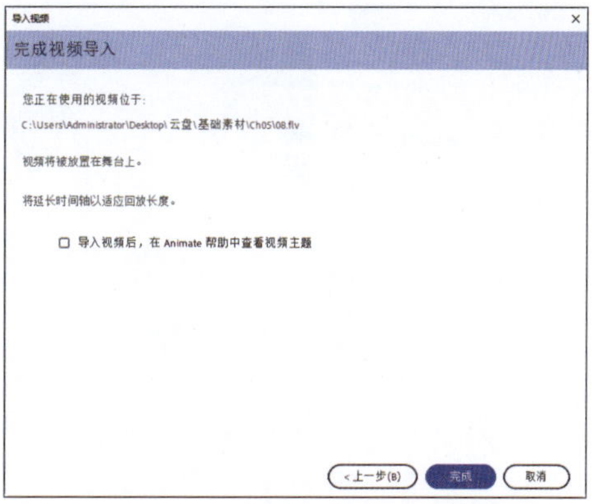 图 5-64

此时，舞台窗口、"时间轴"和"库"面板中的效果如图 5-65 ~ 图 5-67 所示。

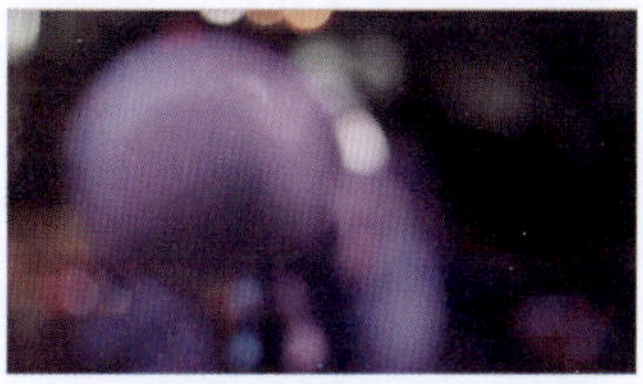

图 5-65 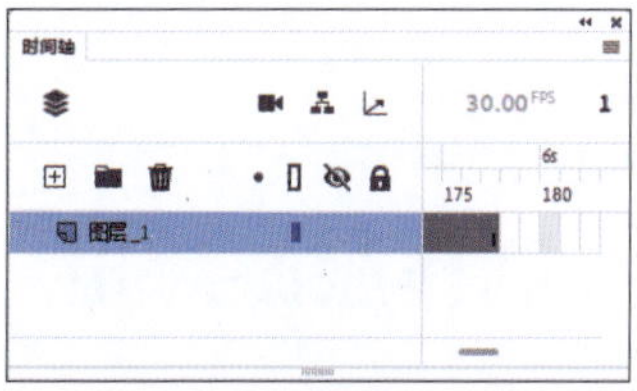 图 5-66 图 5-67

5.2.4 视频的属性

在"属性"面板中可以更改导入视频的属性。选中视频，选择"窗口 > 属性"命令，弹出视频"属性"面板，如图 5-68 所示。

- "实例名称"选项：可以设定嵌入视频的名称。
- "交换"按钮 ⇄：单击此按钮，弹出"交换视频"对话框，可以将此视频剪辑与另一个视频剪辑交换。
- "X""Y"选项：可以设定视频在场景中的位置。
- "宽""高"选项：可以设定视频的宽度和高度。

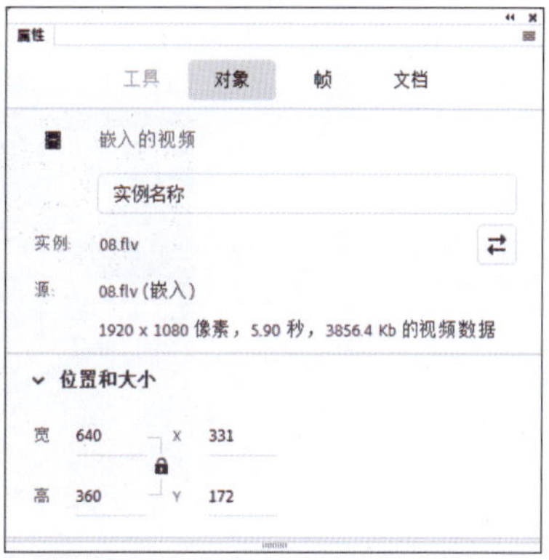

图 5-68

课堂练习——制作化妆品广告

练习知识要点

使用"导入"命令导入素材；使用"文本"工具输入文字，效果如图 5-69 所示。

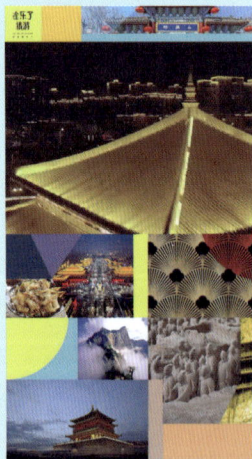

图 5-69

制作化妆品
广告

效果所在位置

云盘 /Ch05/ 效果 / 制作化妆品广告 .fla。

课后习题——制作旅游海报

习题知识要点

使用 "导入视频" 命令导入视频；使用 "变形" 面板调整视频的大小，效果如图 5-70 所示。

图 5-70

制作旅游海报

效果所在位置

云盘 /Ch05/ 效果 / 制作旅游海报 .fla。

06

第6章

元件和库

本章介绍

在 Animate 2020 中，元件起着举足轻重的作用。元件的重复应用，可以提高工作效率、减小文件大小。本章讲解元件的创建、编辑、应用，以及"库"面板的使用方法。读者通过学习可以了解并掌握如何利用元件的相互嵌套及重复应用来制作出变化无穷的动画效果。

学习目标

- 了解元件的类型
- 熟练掌握元件的创建方法
- 掌握元件的引用方法
- 熟练运用"库"面板编辑元件
- 熟练掌握实例的创建和应用

素质目标

- 培养能够有效地组织、管理元件和库中的资源的能力
- 培养运用逻辑思维方法研究问题的能力
- 培养对信息加工处理，并合理使用的能力

6.1 元件与“库”面板

元件就是可以被不断重复使用的特殊对象符号。当不同的舞台“剧幕”上有相同的对象“表演”时，用户可先创建该对象的元件，需要时只需在舞台上创建该元件的实例即可。在 Animate 2020 文档的“库”面板中可以存储创建的元件以及导入的文件。只要创建 Animate 2020 文档，就可以使用相应的库。

6.1.1 课堂案例——制作新年贺卡

案例学习目标

使用“插入元件”命令添加图形、按钮和影片剪辑元件。

案例知识要点

使用“基本矩形”工具和“文本”工具制作按钮元件；使用影片剪辑元件制作“梅花动”效果；使用“变形”面板调整元件的大小，效果如图 6-1 所示。

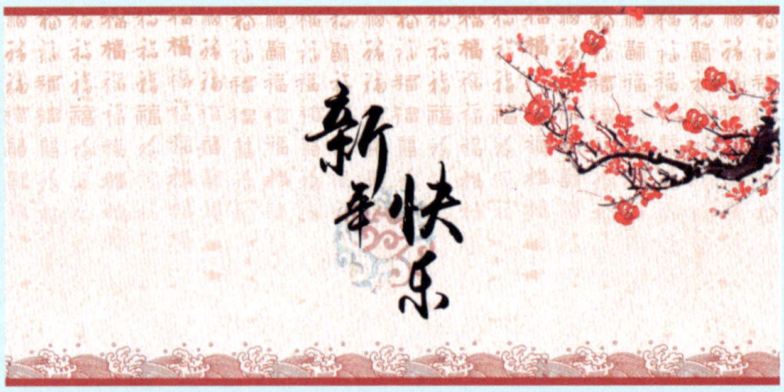

图 6-1

微课视频

制作新年贺卡

扩展案例

制作美丽风景动画

效果所在位置

云盘 /Ch06/ 效果 / 制作新年贺卡 .fla。

1. **制作图形元件**

（1）选择“文件 > 新建”命令，弹出“新建文档”对话框，在“详细信息”选项组中，将“宽”设为 2598，“高”设为 1240，在“平台类型”下拉列表中选择“ActionScript 3.0”选项，单击“创建”按钮，完成文档的创建。

（2）选择“文件 > 导入 > 导入到库”命令，在弹出的“导入到库”对话框中，选择云盘中的“Ch06 > 素材 > 制作新年贺卡 > 01 ~ 04”文件，单击“导入”按钮，文件被导入“库”面板中，如图 6-2 所示。

（3）按 Ctrl+F8 组合键，弹出“创建新元件”对话框，在“名称”文本框中输入“文字”，在“类型”下拉列表中选择“图形”选项，如图 6-3 所示，单击“确定”按钮，新建图形元件“文字”，如图 6-4 所示。舞台窗口也随之转换为图形元件的舞台窗口。

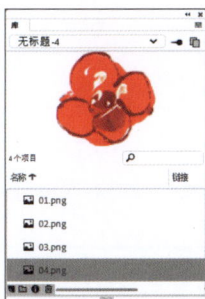
图 6-2

图 6-3

图 6-4

（4）将"库"面板中的位图"02"拖曳到舞台窗口中，并放置在适当的位置，效果如图6-5所示。按Ctrl+F8组合键，弹出"创建新元件"对话框，在"名称"文本框中输入"梅花"，在"类型"下拉列表中选择"图形"选项，单击"确定"按钮，新建图形元件"梅花"，如图6-6所示。舞台窗口也随之转换为图形元件的舞台窗口。

（5）将"库"面板中的位图"04"拖曳到舞台窗口中，并放置在适当的位置，效果如图6-7所示。

图 6-5

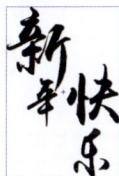
图 6-6

图 6-7

2. 制作影片剪辑元件

（1）按Ctrl+F8组合键，弹出"创建新元件"对话框，在"名称"文本框中输入"梅花动"，在"类型"下拉列表中选择"影片剪辑"选项，如图6-8所示，单击"确定"按钮，新建影片剪辑元件"梅花动"，如图6-9所示。舞台窗口也随之转换为影片剪辑元件的舞台窗口。

（2）将"库"面板中的图形元件"梅花"拖曳到舞台窗口中，并放置在适当的位置，效果如图6-10所示。分别选中"图层_1"的第30帧、第60帧，按F6键，插入关键帧，如图6-11所示。

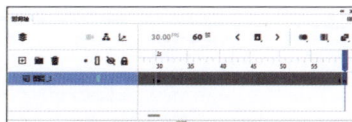
图 6-8   图 6-9   图 6-10   图 6-11

（3）选中"图层_1"的第30帧，按Ctrl+T组合键，弹出"变形"面板，将"缩放宽度"和"缩放高度"均设为110%，如图6-12所示，按Enter键确认操作，效果如图6-13所示。

（4）用鼠标右键分别单击"图层_1"的第1帧和第30帧，在弹出的菜单中选择"创建传统补间"命令，生成传统补间动画，如图6-14所示。

图 6-12　　　　　图 6-13　　　　　　　　　　　　图 6-14

3. 制作按钮元件

（1）按 Ctrl+F8 组合键，弹出"创建新元件"对话框，在"名称"文本框中输入"文字按钮"，在"类型"下拉列表中选择"按钮"选项，如图 6-15 所示，单击"确定"按钮，新建按钮元件"文字按钮"。舞台窗口也随之转换为按钮元件的舞台窗口。

（2）将"库"面板中的图形元件"文字"拖曳到舞台窗口中，并放置在适当的位置，效果如图 6-16 所示。选中"指针经过"帧，按 F6 键，插入关键帧。将"库"面板中的位图"03"拖曳到舞台窗口中，并放置在适当的位置，效果如图 6-17 所示。

图 6-15　　　　　　　　　　图 6-16　　　　　　　　　图 6-17

（3）选中"按下"帧，按 F6 键，插入关键帧。选择"选择"工具▶，在舞台窗口中选择"文字"实例，在图形"属性"面板"对象"选项卡中，展开"色彩效果"选项组，在"样式"下拉列表中选择"色调"选项，"着色"设为红色（#FF0000），"色调"设为 50%，如图 6-18 所示，舞台窗口中效果如图 6-19 所示。

图 6-18　　　　　　　　　　　　　　　图 6-19

4. 制作场景画面

（1）单击舞台窗口左上方的图标 ← ，进入"场景 1"的舞台窗口。将"图层_1"重新命名为"底图"。将"库"面板中的位图"01"拖曳到舞台窗口中，并放置在与舞台中心重叠的位置，效果如图 6-20 所示。

（2）在"时间轴"面板中创建一个新图层并将其命名为"按钮"。将"库"面板中的按钮元件"文字按钮"拖曳到舞台窗口中，并放置在适当的位置，效果如图 6-21 所示。

图 6-20

图 6-21

（3）在"时间轴"面板中创建一个新图层并将其命名为"梅花"。将"库"面板中的影片剪辑元件"梅花动"拖曳到舞台窗口中，并放置在适当的位置，效果如图 6-22 所示。用相同的方法将影片剪辑"梅花动"向舞台窗口中拖曳多次，并放置在适当的位置，效果如图 6-23 所示。

（4）新年贺卡制作完成，按 Ctrl+Enter 组合键即可查看效果，效果如图 6-24 所示。

图 6-22

图 6-23

图 6-24

6.1.2　元件的类型

1. 图形元件

图形元件 🎨 一般用于创建静态图像或创建可重复使用的、与主时间轴关联的动画，它有自己的编辑区和时间轴。如果在场景中创建元件的实例，那么实例将受到主场景中时间轴的约束。换句话说，图形元件中的时间轴与其实例在主场景的时间轴同步。另外，在图形元件中可以使用矢量图、图像、声音和动画的元素，但不能为图形元件提供实例名称，也不能在动作脚本中引用图形元件，并且声音在图形元件中会失效。

2. 按钮元件

按钮元件 🖱 用于创建能激发某种交互行为的按钮。创建按钮元件的关键是设置 4 种不同状态的帧，即"弹起"（鼠标指针移开）、"指针经过"（鼠标指针移入）、"按下"（鼠标按下）、"点击"（鼠标响应区域，在这个区域创建的图形不会出现在画面中）。

3. 影片剪辑元件

影片剪辑元件 🎬 也像图形元件一样有自己的编辑区和时间轴，但又不完全相同。影片剪辑元件的时间轴是独立的，它不受其实例在主场景时间轴（主时间轴）的控制。比如，在场景中创建影片剪辑元件的实例，此时即便场景中只有一帧，在电影片段中也可播放动画。另外，在影片剪辑元件中可以使用矢量图、图像、声音、影片剪辑元件、图形元件和按钮元件等，并且能在动作脚本中引用影片剪辑元件。

6.1.3　创建图形元件

选择"插入 > 新建元件"命令，或按 Ctrl+F8 组合键，弹出"创建新元件"对话框，在"名称"文本框中输入"蝴蝶"，在"类型"下拉列表中选择"图形"选项，如图 6-25 所示。

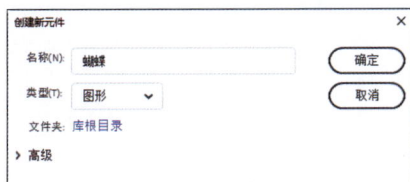

图 6-25

　　单击"确定"按钮，创建一个新的图形元件"蝴蝶"。图形元件的名称出现在舞台的左上方，舞台切换到了图形元件"蝴蝶"的窗口，窗口中间出现十字"＋"，代表图形元件的中心定位点，如图 6-26 所示。在"库"面板中显示出图形元件，如图 6-27 所示。

　　选择"文件 > 导入 > 导入到舞台"命令，弹出"导入"对话框，选择云盘中的"基础素材 > Ch06 > 01"文件，单击"打开"按钮，弹出"将'01.ai'导入到舞台"对话框，单击"导入"按钮，将素材导入舞台窗口中，如图 6-28 所示，完成图形元件的创建。单击舞台窗口左上方的单击舞台窗口左上方的图标 ，就可以返回场景的编辑舞台。

图 6-26　　　　　　　　　图 6-27　　　　　　　　　图 6-28

　　还可以应用"库"面板创建图形元件。单击"库"面板右上方的按钮 ，在弹出的菜单中选择"新建元件"命令，弹出"创建新元件"对话框，选择"图形"选项，单击"确定"按钮，创建图形元件。也可在"库"面板中创建按钮元件或影片剪辑元件。

6.1.4　创建按钮元件

　　Animate 2020 库中提供了一些简单的按钮，如果需要复杂的按钮，还是需要自己创建。

　　选择"插入 > 新建元件"命令，弹出"创建新元件"对话框，在"名称"文本框中输入"动作"，在"类型"下拉列表中选择"按钮"选项，如图 6-29 所示。

　　单击"确定"按钮，创建一个新的按钮元件"动作"。按钮元件的名称出现在舞台的左上方，舞台切换到了按钮元件"动作"的窗口，窗口中间出现十字"＋"，代表按钮元件的中心定位点。在"时间轴"窗口中显示出 4 个状态帧："弹起""指针经过""按下""点击"，如图 6-30 所示。

图 6-29　　　　　　　　　　　　　　图 6-30

- "弹起"帧：设置鼠标指针不在按钮上时按钮的外观。
- "指针经过"帧：设置鼠标指针放在按钮上时按钮的外观。
- "按下"帧：设置按钮被单击时的外观。
- "点击"帧：设置响应单击的区域。此区域在影片里不可见。

　　"库"面板中的效果如图 6-31 所示。

选择"文件 > 导入 > 导入到舞台"命令，弹出"导入"对话框，选择云盘中的"基础素材 >
Ch06 > 02"文件，单击"打开"按钮，弹出提示对话框，单击"否"按钮，弹出"将'02.ai'导入
到舞台"对话框，单击"导入"按钮，将素材导入舞台窗口中，效果如图 6-32 所示。在"时间轴"
面板中选中"指针经过"帧，按 F7 键，插入空白关键帧，如图 6-33 所示。

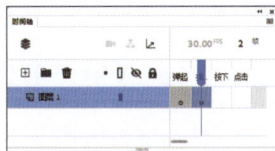

图 6-31　　　　　　　　　　　　图 6-32　　　　　　　　　　　　图 6-33

选择"文件 > 导入 > 导入到库"命令，弹出"导入到库"对话框，选择云盘中的"基础素材 >
Ch06 > 03、04"文件，单击"打开"按钮，弹出提示对话框，单击"导入"按钮，将素材导入"库"
面板中，效果如图 6-34 所示。将"库"面板中的图形元件"03"拖曳到舞台窗口中，并放置在适当
的位置，效果如图 6-35 所示。

在"时间轴"面板中选中"按下"帧，按 F7 键，插入空白关键帧。将"库"面板中的图形元件
"04"拖曳到舞台窗口中，并放置在适当的位置，效果如图 6-36 所示。

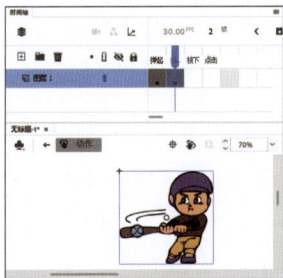
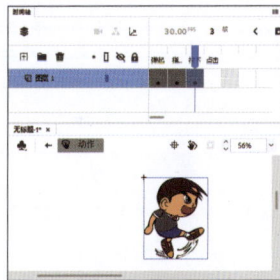

图 6-34　　　　　　　　　　　　图 6-35　　　　　　　　　　　　图 6-36

在"时间轴"面板中选中"点击"帧，按 F7 键，插入空白关键帧，如图 6-37 所示。选择"矩形"
工具■，在工具箱中将"笔触颜色"设为无，"填充颜色"设为黑色，在中心点上绘制出 1 个矩形，
作为按钮动画应用时鼠标响应的区域，如图 6-38 所示。

图 6-37　　　　　　　　　　　　　　　　　　图 6-38

按钮元件制作完成，在各关键帧上，舞台中显示的图形效果如图 6-39 所示。单击舞台窗口左上方的图标 ←，就可以返回到场景的编辑舞台。

（a）"弹起"关键帧   （b）"指针"经过关键帧   （c）"按下"关键帧   （d）"点击"关键帧

图 6-39

6.1.5 创建影片剪辑元件

选择"插入 > 新建元件"命令，弹出"创建新元件"对话框，在"名称"文本框中输入"字母变形"，在"类型"下拉列表中选择"影片剪辑"选项，如图 6-40 所示。

单击"确定"按钮，创建一个影片剪辑元件"字母变形"。影片剪辑元件的名称出现在舞台的左上方，舞台切换到了影片剪辑元件"字母变形"的窗口，窗口中间出现十字"+"，代表影片剪辑元件的中心定位点，如图 6-41 所示。在"库"面板中显示出影片剪辑元件，如图 6-42 所示。

图 6-40   图 6-41 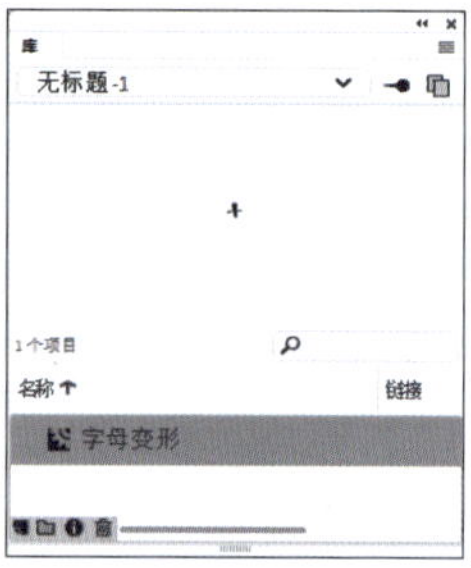   图 6-42

选择"文本"工具 **T**，在"文本"工具"属性"面板中进行设置，在舞台窗口中适当的位置输入大小为 200、字体为"方正水黑简体"的洋红色（#FF00FF）字母"B"，文字效果如图 6-43 所示。选择"选择"工具 ▶，选中字母，按 Ctrl+B 组合键，将其打散，效果如图 6-44 所示。在"时间轴"面板中选中第 20 帧，按 F7 键，在该帧上插入空白关键帧。

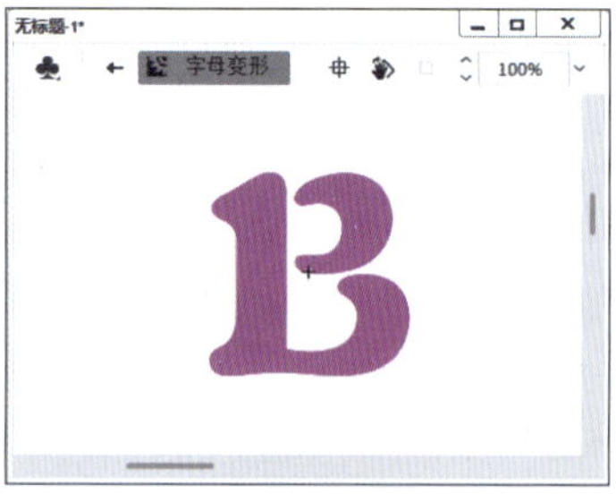

图 6-43 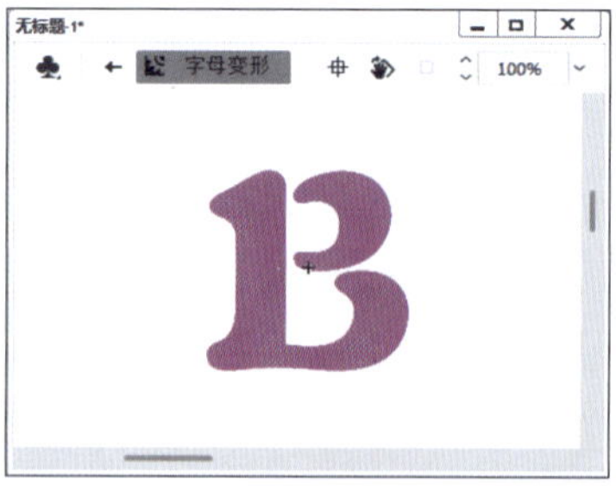   图 6-44

选择"文本"工具 **T**，在"文本"工具"属性"面板中进行设置，在舞台窗口中适当的位置输入大小为 200、字体为"方正水黑简体"的橘黄色（#FF6600）字母"E"，文字效果如图 6-45 所示。选择"选择"工具 ▶，选中字母，按 Ctrl+B 组合键，将其打散，效果如图 6-46 所示。

图 6-45

图 6-46

用鼠标右键单击第 1 帧，在弹出的菜单中选择"创建补间形状"命令，如图 6-47 所示，生成形状补间动画，如图 6-48 所示。

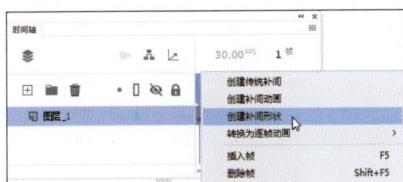
图 6-47

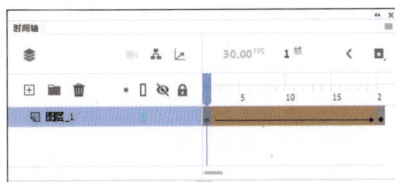
图 6-48

影片剪辑元件制作完成。在不同的关键帧上，舞台中显示出不同的变形图形，效果如图 6-49 所示。单击舞台左上方的图标◄■就可以返回到场景的编辑舞台。

（a）第 1 帧　　　（b）第 5 帧　　　（c）第 10 帧　　　（d）第 15 帧　　　（e）第 20 帧

图 6-49

6.1.6 转换元件

1. 将图形转换为图形元件

如果在舞台上已经创建好矢量图形，并且以后还要应用，可将其转换为图形元件。

打开云盘中的"基础素材 > Ch06 > 05"文件，如图 6-50 所示，选择"选择"工具▶，选中矢量图形，如图 6-51 所示。

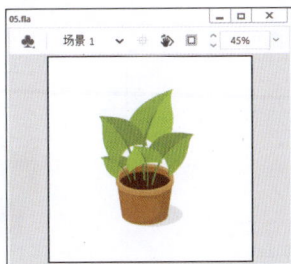
图 6-50

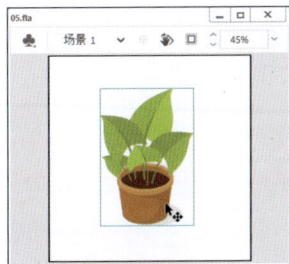
图 6-51

选择"修改 > 转换为元件"命令，或按 F8 键，弹出"转换为元件"对话框，在"名称"文本框中输入元件的名称，在"类型"下拉列表中选择"影片剪辑"选项，如图 6-52 所示，单击"确定"按钮，矢量图形被转换为影片剪辑元件，舞台和"库"面板中的效果如图 6-53 和图 6-54 所示。

图 6-52

图 6-53

图 6-54

2. 设置图形元件的中心点

选中矢量图形，选择"修改 > 转换为元件"命令，弹出"转换为元件"对话框，在对话框的"对齐"选项后有 9 个中心定位点，可以用来设置元件的中心点。选中右下方的定位点，如图 6-55 所示，单击"确定"按钮，矢量图形转换为影片剪辑元件，并且元件的中心点在其右下方，效果如图 6-56 所示。

图 6-55

图 6-56

在"对齐"选项中设置不同的中心点，转换后的图形元件效果如图 6-57 所示。

（a）中心点在中心 　　　　　（b）中心点在左中心 　　　　　（c）中心点在上方中心

图 6-57

3. 转换元件类型

在制作的过程中，可以根据需要将一种类型的元件转换为另一种类型的元件。

选中"库"面板中的影片剪辑元件，如图 6-58 所示，单击面板下方的"属性"按钮 ⓘ，弹出"元件属性"对话框，在"类型"下拉列表中选择"图形"选项，如图 6-59 所示，单击"确定"按钮，影片剪辑元件转换为图形元件，如图 6-60 所示。

图 6-58

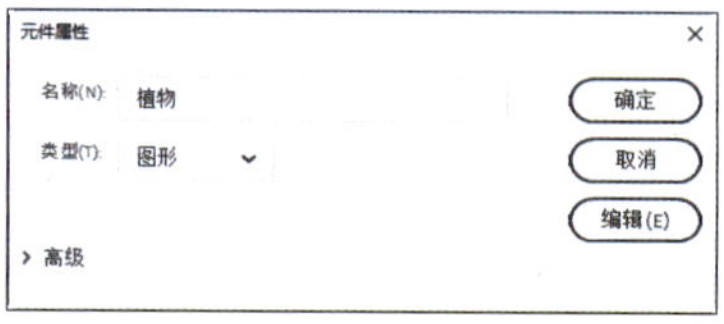

图 6-59

图 6-60

6.1.7 "库"面板的组成

打开云盘中的"基础素材 > Ch06 > 创建元件演示"文件。选择"窗口 > 库"命令，或按 Ctrl+L 组合键，弹出"库"面板，如图 6-61 所示。

在"库"面板的上方显示出与"库"面板相对应的文档名称。在文档名称的下方显示预览区域，可以在此观察选定元件的效果。如果选定的元件为多帧组成的动画，则在预览区域的右上方显示出两个按钮 ■ ▶，如图 6-62 所示。单击"播放"按钮 ▶，可以在预览区域里播放动画。单击"停止"按钮 ■，停止播放动画。在预览区域的下方显示出当前"库"面板中的元件数量。

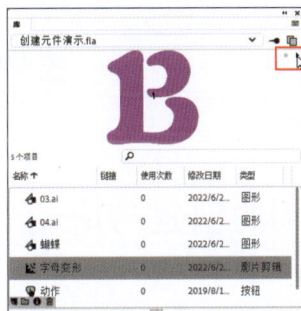

图 6-61   图 6-62

当"库"面板呈最大宽度显示时，将出现以下按钮。

- "名称"按钮：单击此按钮，"库"面板中的元件将按名称排序，如图 6-63 所示。
- "链接"按钮：与"库"面板右上角的弹出菜单中的"链接"命令的设置相关联。
- "使用次数"按钮：单击此按钮，"库"面板中的元件将按被使用的次数排序。
- "修改日期"按钮：单击此按钮，"库"面板中的元件将按照被修改的日期排序，如图 6-64 所示。
- "类型"按钮：单击此按钮，"库"面板中的元件将按类型排序，如图 6-65 所示。

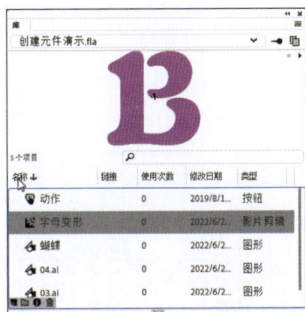

图 6-63   图 6-64   图 6-65

在"库"面板的底部有 4 个按钮。

- "新建元件"按钮 ■：用于创建元件。单击此按钮，弹出"创建新元件"对话框，可以创建新的元件，如图 6-66 所示。
- "新建文件夹"按钮 ▣：用于创建文件夹。可以分门别类地创建文件夹，将相关的元件归入其中，以方便管理。单击此按钮，在"库"面板中生成新的文件夹，可以设定文件夹的名称，如图 6-67 所示。
- "属性"按钮 ⓘ：用于转换元件的类型。单击此按钮，弹出"元件属性"对话框，可以将元件类型相互转换，如图 6-68 所示。

● "删除" 按钮 🗑 ：删除 "库" 面板中被选中的元件或文件夹。单击此按钮，所选的元件或文件夹将被删除。

图 6-66

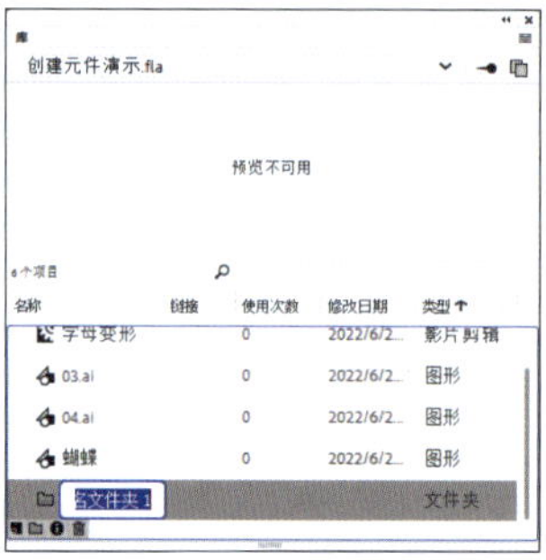

图 6-67

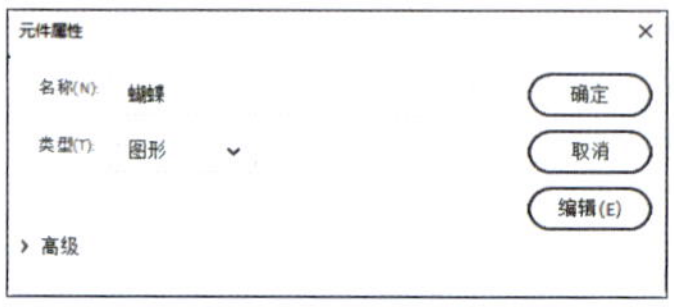

图 6-68

6.2 实例的创建与应用

实例是元件在舞台上的一次具体使用。当修改元件时，该元件的实例也会随之被更改。重复使用实例不会增加动画文件的大小，因此使用实例是使动画文件保持较小体积的一个很好的方法。每一个实例都有区别于其他实例的属性，可以通过修改实例 "属性" 面板的相关属性来实现。

6.2.1　课堂案例——制作教育插画

案例学习目标

使用元件 "属性" 面板改变元件的属性。

案例知识要点

使用 "属性" 面板调整元件的不透明度；使用 "分离" 命令将元件打散；使用 "变形" 面板旋转元件的角度；使用 "文本" 工具输入文字，效果如图 6-69 所示。

图 6-69

微课视频　　　　扩展案例

制作教育　　　制作家电
插画　　　　销售广告

效果所在位置

云盘 /Ch06/ 效果 / 制作教育插画 .fla。

（1）按 Ctrl+O 组合键，在弹出的 "打开" 对话框中，选择云盘中的 "Ch06 > 素材 > 6.2.1-制作教育插画 > 01" 文件，如图 6-70 所示，单击 "打开" 按钮，打开文件，如图 6-71 所示。

（2）在"时间轴"面板中创建一个新图层并将其命名为"矩形阴影"。将"库"面板中的图形元件"褐色矩形"拖曳到舞台窗口中，并放置在适当的位置，如图 6-72 所示。在图形"属性"面板"对象"选项卡中，展开"色彩效果"选项组，在"样式"下拉列表中选择"Alpha"选项，并将其值设为 22%，如图 6-73 所示，按 Enter 键确认操作，舞台窗口中的效果如图 6-74 所示。

图 6-70

图 6-71

图 6-72

图 6-73

（3）在"时间轴"面板中创建一个新图层并将其命名为"铅笔阴影"。将"库"面板中的图形元件"阴影"拖曳到舞台窗口中，并放置在适当的位置，效果如图 6-75 所示。

（4）在"时间轴"面板中创建一个新图层并将其命名为"铅笔"。将"库"面板中的图形元件"铅笔"拖曳到舞台窗口中，并放置在适当的位置，效果如图 6-76 所示。选择"选择"工具，按住 Alt 键的同时拖曳"铅笔"实例到适当的位置，复制铅笔实例，效果如图 6-77 所示。

图 6-74

图 6-75

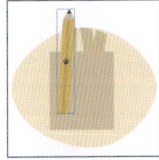

图 6-76

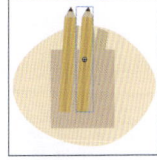

图 6-77

（5）按 Ctrl+T 组合键，弹出"变形"面板，将"旋转"设为 −13.5°，如图 6-78 所示，按 Enter 键确认操作，再将其拖曳到适当的位置，效果如图 6-79 所示。按两次 Ctrl+B 组合键，将"铅笔"实例打散，效果如图 6-80 所示。

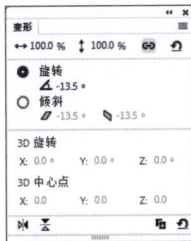

图 6-78

图 6-79

图 6-80

（6）选中图 6-81 所示的矩形，在工具箱中将"填充颜色"设为橘黄色（#E4932C），效果如图 6-82 所示。用相同的方法将该矩形上方的矩形设为橘红色（#CF7513），效果如图 6-83 所示。

（7）在舞台窗口中选中"铅笔"实例，按住 Alt 键的同时向右拖曳到适当的位置，复制铅笔实例，效果如图 6-84 所示。按 Ctrl+T 组合键，弹出"变形"面板，将"旋转"设为 8°，按 Enter 键确认操作，再将其拖曳到适当的位置，效果如图 6-85 所示。按两次 Ctrl+B 组合键，将"铅笔"实例打散，效果如图 6-86 所示。

图 6-81

图 6-82

图 6-83

图 6-84

（8）选中图 6-87 所示的矩形，在工具箱中将"填充颜色"设为绿色（#8ABB28），效果如图 6-88 所示。用相同的方法将该矩形上方的矩形设为深绿色（#5F7F34），效果如图 6-89 所示。

图 6-85

图 6-86

图 6-87

图 6-88

（9）在"时间轴"面板中创建一个新图层并将其命名为"褐色矩形"。将"库"面板中的图形元件"褐色矩形"拖曳到舞台窗口中，并放置在适当的位置，效果如图 6-90 所示。

（10）在"时间轴"面板中创建一个新图层并将其命名为"绿色矩形"。将"库"面板中的图形元件"绿色矩形"拖曳到舞台窗口中，并放置在适当的位置。按 Ctrl+T 组合键，弹出"变形"面板，将"旋转"选项设为 –6°，按 Enter 键确认操作，效果如图 6-91 所示。

（11）在舞台窗口中选中"绿色矩形"实例，按住 Alt 键的同时，拖曳实例到适当的位置，复制绿色矩形实例，效果如图 6-92 所示。

图 6-89

图 6-90

图 6-91

图 6-92

（12）选中图 6-93 所示的"绿色矩形"实例，在图形"属性"面板中，展开"色彩效果"选项组，在"样式"下拉列表中选择"Alpha"选项，并将其值设为 22%，如图 6-94 所示，按 Enter 键确认操作，舞台窗口中的效果如图 6-95 所示。

图 6-93

图 6-94

图 6-95

（13）在"时间轴"面板中创建一个新图层并将其命名为"文字"。选择"文本"工具 **T**，在"文本"工具"属性"面板"工具"选项卡中进行设置，在舞台窗口中适当的位置输入大小为 59、字体为"方正卡通简体"的黑色（#3A3C38）文字，文字效果如图 6-96 所示。

（14）选择"选择"工具 ▶ ，选中文字，按 Ctrl+T 组合键，弹出"变形"面板，将"旋转"选项设为 -6°，如图 6-97 所示，按 Enter 键确认操作，效果如图 6-98 所示。教育插画制作完成，按 Ctrl+Enter 组合键即可查看效果。

图 6-96 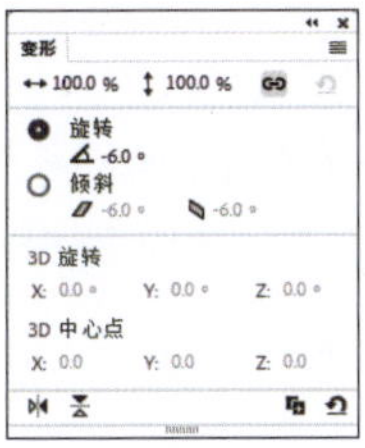　　　　　　　　　　　　　图 6-97　　　　　　　　　　　　　图 6-98

6.2.2　创建实例

1. 创建图形元件的实例

选择"窗口 > 库"命令，弹出"库"面板，在面板中选中图形元件"蝴蝶"，如图 6-99 所示，将其拖曳到场景中，场景中的图形就是图形元件"蝴蝶"的实例，如图 6-100 所示。

选中该实例，图形"属性"面板"对象"选项卡中的设置如图 6-101 所示。

图 6-99 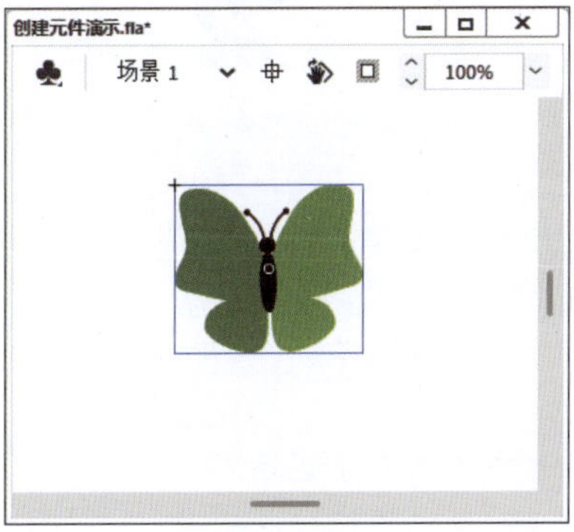　　　　　　　　　　　　　图 6-100 　　　　　　　　　　　　　图 6-101

- "交换元件"按钮 ⇄ ：用于交换元件类型。
- "编辑元件属性"按钮 ✎ ：用于元件的编辑。
- "分离"按钮 ▦ ：用于将元件转换为图形。
- "转为元件"按钮 ♣ ：用于将对象转换为元件。
- "X""Y"选项：用于设置实例在舞台中的位置。
- "宽""高"选项：用于设置实例的宽度和高度。
- "颜色样式"下拉列表：用于设置实例的明亮度、色调和不透明度。
- "选项"选项：用于设置动画的播放方式，其中包括"循环播放图形"按钮 ↻ 、"播放图形一次"按钮 ▷ 和"图形播放单个帧"按钮 ⊞ 。单击"循环播放图形"按钮 ↻ ，将会按照当前实例占用的帧数来循环播放在该实例内的所有动画序列；单击"播放图形一次"按钮 ▷ ，将从指定的帧开始播放动画序列，动画结束则停止播放；单击"图形播放单个帧"按钮 ⊞ ，将会显示动画序列的一帧。
- "第一帧"选项：用于指定动画从哪一帧开始播放。

- "帧选择器"按钮：单击该按钮，在弹出的面板中可以直观地预览并选择图形元件的第一帧。
- "嘴形同步"按钮：单击该按钮可以自动嘴形同步所选音频层，在时间轴上更轻松、快速地放置合适的嘴形。

2. 创建按钮元件的实例

选中"库"面板中的按钮元件"动作"，如图 6-102 所示，将其拖曳到场景中，场景中的图形就是按钮元件"动作"的实例，如图 6-103 所示。

选中该实例，按钮"属性"面板"对象"选项卡中的设置如图 6-104 所示。

图 6-102　　　　　　图 6-103　　　　　　图 6-104

- "实例名称"文本框：可以在该文本框中为实例设置一个新的名称。
- "隐藏对象"选项：勾选此复选框，实例将隐藏。
- "混合"下拉列表：此下拉列表中的各种样式设置，决定了当前实例与其下面的图形以何种模式进行混合。
- "呈现"下拉列表：此下拉列表用于设置实例的呈现方式。
- "音轨作为按钮"选项：选择此选项，在动画运行中，当按钮元件被按下时画面上的其他对象不再响应鼠标操作。
- "音轨作为菜单项"选项：选择此选项，在动画运行中，当按钮元件被按下时画面上的其他对象还会响应鼠标操作。
- "滤镜"选项：可以为元件添加滤镜效果，并可以编辑所添加的滤镜效果。

按钮"属性"面板中的其他选项与图形"属性"面板中的选项作用相同，不再一一讲解。

3. 创建影片剪辑元件的实例

选中"库"面板中的影片剪辑元件"字母变形"，如图 6-105 所示，将其拖曳到场景中。场景中的字母图形就是影片剪辑元件"字母变形"的实例，如图 6-106 所示。

选中该实例，影片剪辑"属性"面板"对象"选项卡中的设置如图 6-107 所示。

影片剪辑"属性"面板中的选项与图形"属性"面板、按钮"属性"面板中的选项作用相同，不再一一讲解。

图 6-105　　　　　　　　　　　　图 6-106　　　　　　　　　　　　图 6-107

6.2.3　转换实例的类型

每个实例最初的类型，都是延续了其对应元件的类型。可以将实例的类型进行转换。

将图形元件拖曳到舞台中成为图形实例并选择图形实例，如图 6-108 所示，图形"属性"面板如图 6-109 所示。

在"属性"面板的上方，选择"实例类型"下拉列表中的"影片剪辑"选项，如图 6-110 所示，图形"属性"面板转换为影片剪辑"属性"面板，实例类型从"图形"转换为"影片剪辑"，如图 6-111 所示。

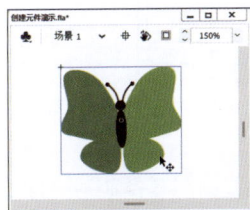

图 6-108　　　　　　　　图 6-109　　　　　　　　图 6-110　　　　　　　　图 6-111

6.2.4　替换实例引用的元件

如果需要替换实例所引用的元件，同时保留所有的原始实例属性（如色彩效果、按钮动作），可以通过 Animate 的"交换元件"命令来实现。

将图形元件拖曳到舞台中成为图形实例，选择图形"属性"面板"对象"选项卡，在"色彩效果"选项组中的"样式"下拉列表中选择"Alpha"选项，并将其值设为 50%，如图 6-112 所示，实例效果如图 6-113 所示。

单击图形"属性"面板中的"交换元件"按钮 ⇄，弹出"交换元件"对话框，在对话框中选中按钮元件"动作"，如图 6-114 所示，单击"确定"按钮，图形元件转换为按钮元件，实例的不透明度也跟着改变，如图 6-115 所示。

图形"属性"面板中的设置如图 6-116 所示，元件替换完成。

图 6-112   图 6-113

   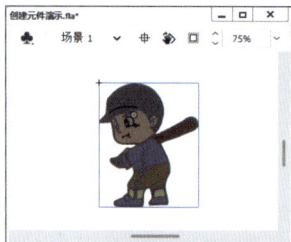

图 6-114   图 6-115   图 6-116

还可以在"交换元件"对话框中单击"直接复制元件"按钮 ▣，如图 6-117 所示，弹出"直接复制元件"对话框，在"元件名称"文本框中可以设置复制元件的名称，如图 6-118 所示。

   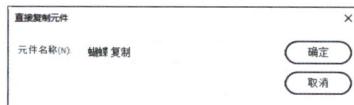

图 6-117   图 6-118

单击"确定"按钮，复制出新的元件"蝴蝶 复制"，如图 6-119 所示。
单击"确定"按钮，元件被新复制的元件替换，图形"属性"面板中的设置如图 6-120 所示。

图 6-119   图 6-120

6.2.5 改变实例的颜色和透明效果

在舞台中选中实例，选择"属性"面板，打开"色彩效果"选项组中的"样式"下拉列表，如图 6-121

所示。

- "无"选项：表示对当前实例不进行任何更改。如果对实例以前做的变化效果不满意，可以选择此选项，取消实例的变化效果，再重新设置新的效果。
- "亮度"选项：用于调整实例的明暗对比度。

可以在"亮度数量"选项中直接输入数值，也可以拖曳滑块来设置数值，如图 6-122 所示。其默认的数值为 0%，取值范围为 -100% ~ 100%。当取值大于 0% 时，实例变亮；当取值小于 0% 时，实例变暗。

图 6-121

图 6-122

输入不同数值，实例的亮度效果如图 6-123 所示。

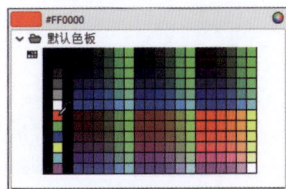

（a）数值为 80% 时　　（b）数值为 45% 时　　（c）数值为 0% 时　　（d）数值为 - 45% 时　　（e）数值为 - 80% 时

图 6-123

- "色调"选项：用于为实例增加颜色，如图 6-124 所示。可以单击"样式"下拉列表右侧的色块，在弹出的色板中选择要应用的颜色，如图 6-125 所示。应用颜色后实例效果如图 6-126 所示。

在"色调"选项右侧的"着色量"选项中设置数值，如图 6-127 所示，数值范围为 0% ~ 100%。当数值为 0% 时，实例颜色将不受影响；当数值为 100% 时，实例的颜色将完全被所选颜色取代。也可以在"红色、绿色、蓝色"数值框中输入数值来设置颜色。

图 6-124　　　　　　图 6-125　　　　　　图 6-126　　　　　　图 6-127

- "高级"选项：用于设置实例的颜色和透明效果，分别调节"红""绿""蓝""Alpha"的

值来进行设置。

在舞台中选中实例，如图 6-128 所示，在"样式"下拉列表中选择"高级"选项，如图 6-129 所示，各个选项的设置如图 6-130 所示，设置完成后的效果如图 6-131 所示。

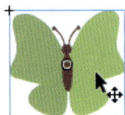

图 6-128　　　　　图 6-129　　　　　　　　　图 6-130　　　　　图 6-131

- "Alpha"选项：用于设置实例的透明效果，如图 6-132 所示。数值范围为 0% ～ 100%。数值为 0% 时实例透明，数值为 100% 时实例为实体。

图 6-132

输入不同数值，实例的不透明度效果如图 6-133 所示。

（a）数值为 30% 时　　（b）数值为 60% 时　　（c）数值为 80% 时　　（d）数值为 100% 时

图 6-133

6.2.6　分离实例

选中实例，如图 6-134 所示。选择"修改 > 分离"命令，或按 Ctrl+B 组合键，将实例分离为图形，效果如图 6-135 所示。

图 6-134　　　　　　　　　　　　　　　　图 6-135

6.2.7　元件编辑模式

元件创建完毕后常常需要修改，此时需要进入元件编辑状态，修改完元件后又需要退出元件编辑状态，进入主场景编辑动画。

（1）进入元件编辑模式，可以通过以下几种方式。

① 在主场景中双击元件实例，进入元件编辑模式。

② 在"库"面板中双击要修改的元件，进入元件编辑模式。

③ 在主场景中用鼠标右键单击元件实例，在弹出的菜单中选择"编辑"命令，进入元件编辑模式。

④ 在主场景中选择元件实例后，选择"编辑 > 编辑元件"命令，进入元件编辑模式。

⑤ 按 Ctrl+E 组合键，进入元件编辑模式。

（2）退出元件编辑模式，可以通过以下几种方式。

① 单击舞台窗口左上方的场景名称，进入主场景窗口。

② 选择"编辑 > 编辑文档"命令，进入主场景窗口。

③ 按 Ctrl+E 组合键，进入主场景窗口。

课堂练习——制作乡村风景插画

练习知识要点

使用"钢笔"工具、"颜色"面板和"创建元件"命令，完成乡村风景插画的制作，效果如图 6-136 所示。

微课视频

制作乡村
风景插画

图 6-136

效果所在位置

云盘 /Ch06/ 效果 / 制作乡村风景插画 .fla。

课后习题——制作加载条动画

习题知识要点

使用"矩形"工具绘制矩形块；使用创建补间形状"命令"制作形状动画；使用"创建元件"

命令制作影片剪辑元件，效果如图 6-137 所示。

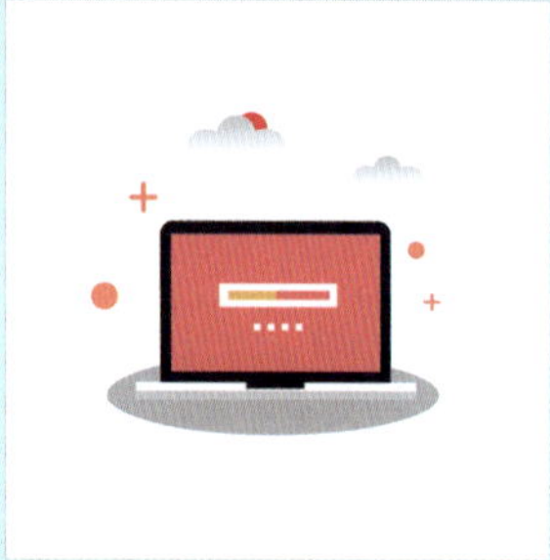

图 6-137

◉ 效果所在位置

云盘 /Ch06/ 效果 / 制作加载条动画 .fla。

07

第 7 章
基本动画的制作

本章介绍

在 Animate 2020 动画的制作过程中，时间轴和帧起到了关键性的作用。本章将介绍动画中帧和时间轴的使用方法及应用技巧。读者通过学习可以了解并掌握如何灵活地应用帧和时间轴，并根据设计需求制作出丰富多彩的动画效果。

学习目标

- 了解动画和帧的基本概念
- 掌握逐帧动画的制作方法
- 掌握形状补间动画的制作方法
- 掌握传统补间动画的制作方法
- 掌握骨骼动画的制作方法
- 掌握摄像机动画的制作方法

素质目标

- 培养具有独到见解的创造性思维能力
- 培养善于思考、勤于练习的业务能力
- 培养能够正确表达自己意见的沟通能力

7.1   帧与"时间轴"面板

要让一组静止的画面按照某种顺序快速地、连续地播放，需要用时间轴和帧来为它们完成时间和顺序的安排。

7.1.1   课堂案例——制作打字效果

案例学习目标

使用绘图工具绘制图形，使用时间轴制作动画。

案例知识要点

使用"线条"工具绘制光标图形，使用"文本"工具添加文字，使用"翻转帧"命令将帧进行翻转，效果如图 7-1 所示。

微课视频   扩展案例

制作打字效果   制作打字效果

图 7-1

效果所在位置

云盘 /Ch07/ 效果 / 制作打字效果 .fla。

1. 导入图片并制作元件

（1）按 Ctrl+O 组合键，在弹出的"打开"对话框中，选择云盘中的"Ch07 > 素材 > 制作打字效果 > 01"文件，单击"打开"按钮，打开文件。

（2）按 Ctrl+F8 组合键，弹出"创建新元件"对话框，在"名称"文本框中输入"光标"，在"类型"下拉列表中选择"图形"选项，单击"确定"按钮，新建图形元件"光标"，如图 7-2 所示，舞台窗口也随之转换为图形元件的舞台窗口。

（3）选择"线条"工具／，在"线条"工具"属性"面板"工具"选项卡中，将"笔触"设为黑色，"笔触大小"设为 2，其他选项的设置如图 7-3 所示。按住 Shift 键的同时，在舞台窗口中绘制 1 条直线段，效果如图 7-4 所示。

图 7-2

图 7-3

图 7-4

2. 添加文字并制作打字效果

（1）按 Ctrl+F8 组合键，弹出"创建新元件"对话框，在"名称"文本框中输入"文字动画"，在"类型"下拉列表中选择"影片剪辑"选项，单击"确定"按钮，新建影片剪辑元件"文字动画"，如图 7-5 所示，舞台窗口也随之转换为影片剪辑元件的舞台窗口。

（2）将"图层_1"重新命名为"文字"。选择"文本"工具 **T**，在"文本"工具"属性"面板"工具"选项卡中进行设置，在舞台窗口中适当的位置输入大小为 28、"字母间距"为 -2、"行距"为 -5、字体为"方正字迹 – 邢体隶一简体"的黑色文字，文字效果如图 7-6 所示。

（3）在"时间轴"面板中创建一个新图层并将其命名为"光标"。分别选中"文字"图层和"光标"图层的第 5 帧，按 F6 键，插入关键帧，如图 7-7 所示。选中"光标"图层的第 5 帧，将"库"面板中的图形元件"光标"拖曳到舞台窗口中，并放置在最后 1 个句号的下方，如图 7-8 所示。

图 7-5

图 7-6

图 7-7

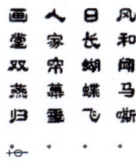

图 7-8

（4）选中"文字"图层的第 5 帧，选择"文本"工具 **T**，将光标上方的句号删除，效果如图 7-9 所示。分别选中"文字"图层和"光标"图层的第 10 帧，按 F6 键，插入关键帧。

（5）选中"光标"图层的第 10 帧，将光标垂直拖曳到文字"归"的下方，如图 7-10 所示。选中"文字"图层的第 10 帧，将光标上方的"归"字删除，效果如图 7-11 所示。

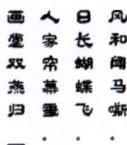

图 7-9

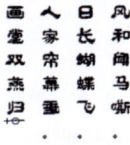

图 7-10

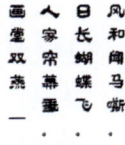

图 7-11

（6）用相同的方法，每间隔 5 帧插入一个关键帧，在插入的帧上将光标拖曳到前一个字的下方，并删除该字，直到删除完所有的字，如图 7-12 所示，舞台窗口中的效果如图 7-13 所示。

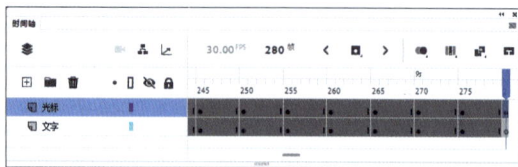

图 7-12

图 7-13

（7）按住 Shift 键的同时单击"文字"图层和"光标"图层的图层名称，选中两个图层中的所有帧，如图 7-14 所示，选择"修改 > 时间轴 > 翻转帧"命令，对所有帧进行翻转，效果如图 7-15 所示。分别选中"文字"图层和"光标"图层的第 310 帧，按 F5 键，插入普通帧。

图 7-14

图 7-15

（8）单击舞台窗口左上方的图标 ← ，进入"场景 1"的舞台窗口。在"时间轴"面板中创建一个新图层并将其命名为"文字"。选中"文字"图层的第 20 帧，按 F6 键，插入关键帧。将"库"面板中的影片剪辑元件"文字动画"拖曳到舞台窗口中适当的位置，效果如图 7-16 所示。打字效果制作完成，按 Ctrl+Enter 组合键即可查看效果，如图 7-17 所示。

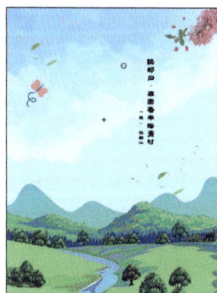

图 7-16

图 7-17

7.1.2 动画中帧的概念

医学证明，人眼具有视觉暂留的特点，即人眼看到物体或画面后，在视觉上 1/24 秒内不会消失。利用这一原理，在一幅画消失之前播放下一幅画，就会给人制造出一种流畅的视觉变化效果。动画就是通过连续播放一系列静止画面，在视觉上制造出连续变化的效果。

在 Animate 2020 中，这一系列单幅的画面就叫帧，它是 Animate 2020 动画中最小时间单位里出现的画面。每秒钟显示的帧数叫帧率，如果帧率太低就会造成视觉上不流畅的感觉。所以，按照人的视觉原理，一般将动画的帧率设为 30 帧 / 秒。

在 Animate 2020 中，动画制作的过程就是决定动画每一帧显示什么内容的过程。用户可以像传统动画一样自己绘制动画的每一帧，即逐帧动画。但制作逐帧动画所需的工作量非常大，为此，Animate 2020 提供了一种简单的动画制作方法，即采用关键帧处理技术的插值动画。插值动画又分为运动动画和变形动画两种。

制作插值动画的关键是绘制动画的起始帧和结束帧，中间帧的效果由 Animate 2020 自动计算得出。为此，在 Animate 2020 中有关键帧、过渡帧、空白关键帧的概念。关键帧描绘动画的起始帧和结束帧。当动画内容发生变化时必须插入关键帧，即使是逐帧动画也要为每个画面创建关键帧。关键帧有延续性，开始关键帧中的对象会延续到结束关键帧。过渡帧是动画起始、结束关键帧之间系统自动生成的帧。空白关键帧是不包含任何对象的关键帧。因为 Animate 2020 只支持在关键帧中绘画或插入对象，所以，当动画内容发生变化而又不希望延续前面关键帧的内容时需要插入空白关键帧。

7.1.3　帧的显示形式

用 Animate 2020 制作动画的过程中，帧包括下述几种显示形式。

1. 空白关键帧

在时间轴中，白色背景带有黑圈的帧为空白关键帧，表示在当前舞台中没有任何内容，如图 7-18 所示。

2. 关键帧

在时间轴中，灰色背景带有黑点的帧为关键帧，表示在当前场景中存在一个关键帧，在关键帧对应的舞台中存在一些内容，如图 7-19 所示。

在时间轴中，存在多个帧。带有黑色圆点的第 1 帧为关键帧，最后一帧上面带有黑色矩形框的为普通帧。除了第 1 帧以外，其他帧均为普通帧，如图 7-20 所示。

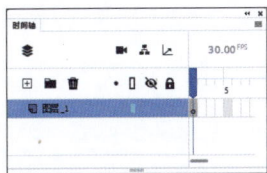
图 7-18

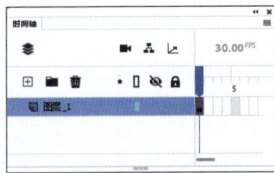
图 7-19

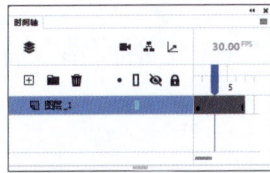
图 7-20

3. 传统补间帧

在时间轴中，带有黑色圆点的第 1 帧和最后一帧为关键帧，中间紫色背景带有黑色箭头的帧为传统补间帧，如图 7-21 所示。

4. 形状补间帧

在时间轴中，带有黑色圆点的第 1 帧和最后一帧为关键帧，中间橙色背景带有黑色箭头的帧为形状补间帧，如图 7-22 所示。

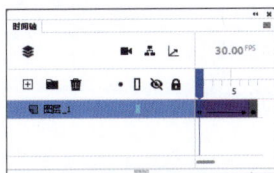
图 7-21

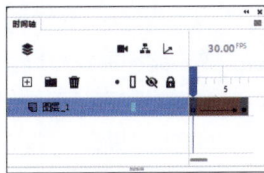
图 7-22

在时间轴中，帧上出现虚线，表示是未完成或中断了的补间动画，虚线表示不能够生成形状补间帧，如图 7-23 所示。

5. 包含动作语句的帧

在时间轴中，第 1 帧上出现一个字母 "a"，表示这一帧中包含了使用 "动作" 面板设置的动作语句，如图 7-24 所示。

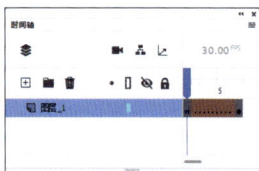 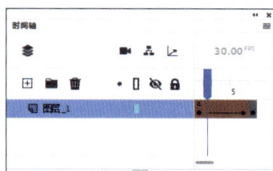

图 7-23　　　　　　　　　　　图 7-24

6. 帧标签

在时间轴中，第 1 帧上出现一面红旗，表示这一帧的标签类型是名称。红旗右侧的 "mc" 是帧标签的名称，如图 7-25 所示。

在时间轴中，第 1 帧上出现两条绿色斜杠，表示这一帧的标签类型是注释，如图 7-26 所示。帧注释是对帧的解释，可以帮助使用者理解该帧在影片中的作用。

在时间轴中，第 1 帧上出现一个金色的锚，表示这一帧的标签类型是锚记，如图 7-27 所示。帧锚记表示该帧是一个定位，方便浏览者在浏览器中快进、快退。

图 7-25　　　　　　　　　　图 7-26　　　　　　　　　　图 7-27

7.1.4　"时间轴" 面板

"时间轴" 面板由 "图层" 面板和时间轴组成，如图 7-28 所示。

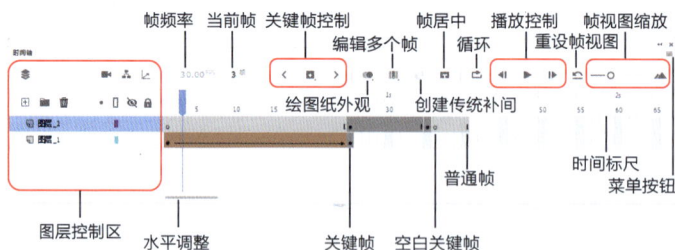

图 7-28

- 眼睛图标 👁：单击此图标，可以隐藏或显示图层中的内容。
- 锁状图标 🔒：单击此图标，可以锁定或解锁图层。
- 线框图标 □：单击此图标，可以将图层中的内容以线框的方式显示。
- 圆点图标 ·：单击此图标，可以将选中的图层突出显示。
- "新建图层" 按钮 ⊞：用于创建图层。

- "新建文件夹"按钮 📁：用于创建图层文件夹。
- "删除"按钮 🗑：用于删除无用的图层。
- "添加摄像头"按钮 🎥：用于创建摄像头图层。
- "显示父级视图"按钮 🔗：用于显示父级关系。
- "调用图层深度面板"按钮 ⤢：用于调出"图层深度"面板。

7.1.5 绘图纸（洋葱皮）功能

一般情况下，Animate 2020 的舞台只能显示当前帧中的对象。如果希望在舞台上出现多帧对象以帮助当前帧对象的定位和编辑，Animate 2020 提供的绘图纸（洋葱皮）功能可以将其实现。

打开云盘中的"基础素材 > Ch07 > 01"文件。"时间轴"面板上方按钮功能如下。

- "帧居中"按钮 🔲：单击此按钮，播放头所在帧会显示在时间轴的中间位置。
- "循环"按钮 🔁：单击此按钮，在标记范围内的帧上的对象将以循环播放方式显示在舞台上。
- "绘图纸外观"按钮 ⚫：单击此按钮，时间轴标尺上出现绘图纸的标记显示，如图 7-29 所示，在标记范围内的帧上的对象将同时显示在舞台中，效果如图 7-30 所示。可以用鼠标拖曳标记点来增加显示的帧数，如图 7-31 所示。

![图 7-29 时间轴面板显示绘图纸标记]

图 7-29

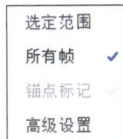

图 7-30

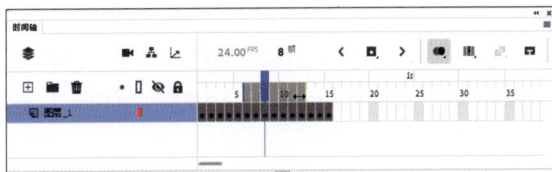

图 7-31

- 按住"绘图纸外观"按钮 ⚫ 不放，弹出下拉菜单，如图 7-32 所示。

"选定范围"命令：选择此命令，在时间轴标尺上总是显示出绘图纸标记。

"所有帧"命令：选择此命令，绘图纸标记显示范围为时间轴中的所有帧，如图 7-33 所示，图形显示效果如图 7-34 所示。

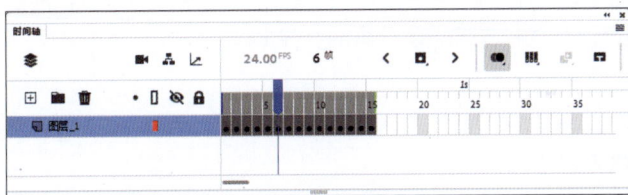

图 7-32

图 7-33

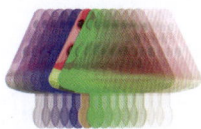

图 7-34

"锚点标记"命令：选择此命令，将锁定绘图纸标记的显示范围，移动播放头将不会改变显示范围，如图 7-35 所示。

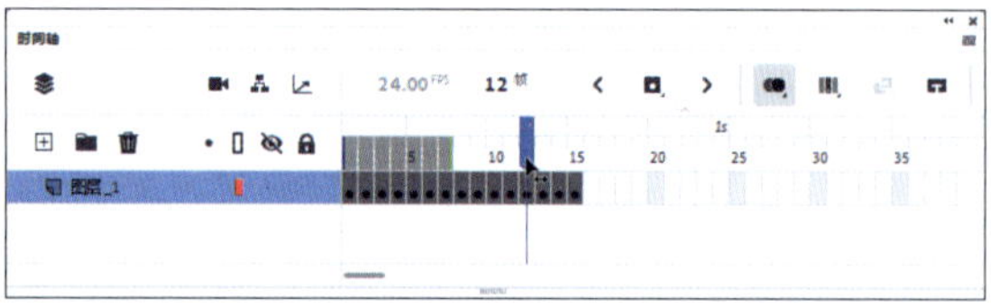

图 7-35

"高级设置"命令：选择此命令，可以自定义绘图纸范围。

7.1.6 在"时间轴"面板中设置帧

在"时间轴"面板中，可以对帧进行一系列的操作。

1. 插入帧

选择"插入 > 时间轴 > 帧"命令，或按 F5 键，可以在时间轴上插入一个普通帧。

选择"插入 > 时间轴 > 关键帧"命令，或按 F6 键，可以在时间轴上插入一个关键帧。

选择"插入 > 时间轴 > 空白关键帧"命令，或按 F7 键，可以在时间轴上插入一个空白关键帧。

2. 选择帧

选择"编辑 > 时间轴 > 选择所有帧"命令，或按 Ctrl+Alt+A 组合键，可选中时间轴中的所有帧。

单击要选的帧，帧变为蓝色。

选中要选择的帧，再向前或向后拖曳，其间鼠标指针经过的帧全部被选中。

按住 Ctrl 键的同时，用鼠标单击要选择的帧，可以选择多个不连续的帧。

按住 Shift 键的同时，用鼠标单击要选择的两个帧，这两个帧以及中间的所有帧都被选中。

3. 移动帧

选中一个或多个帧，按住鼠标左键，可移动所选帧到目标位置。在移动过程中，如果按住 Alt 键，会在目标位置上复制出所选的帧。

选中一个或多个帧，选择"编辑 > 时间轴 > 剪切帧"命令，或按 Ctrl+Alt+X 组合键，剪切所选的帧；选中目标位置，选择"编辑 > 时间轴 > 粘贴帧"命令，或按 Ctrl+Alt+V 组合键，在目标位置上粘贴所选的帧。

4. 删除帧

用鼠标右键单击要删除的帧，在弹出的菜单中选择"删除帧"命令，按 Shift+F5 组合键，所选帧被删除。

选中要删除的关键帧，选择"清除帧"命令，可将关键帧转换为普通帧。

> **提示**
>
> 在 Animate 2020 系统默认状态下，"时间轴"面板中每一个图层的第 1 帧都被设置为关键帧。后面插入的帧将拥有第 1 帧中的所有内容。

7.2 帧动画的创建

应用帧可以制作帧动画或逐帧动画，在不同帧上设置不同的对象来实现动画效果。

7.2.1 课堂案例——制作逐帧动画效果

案例学习目标

使用"时间轴"面板制作帧动画。

案例知识要点

使用"导入到舞台"命令导入图像序列，使用"时间轴"面板制作逐帧动画，效果如图 7-36 所示。

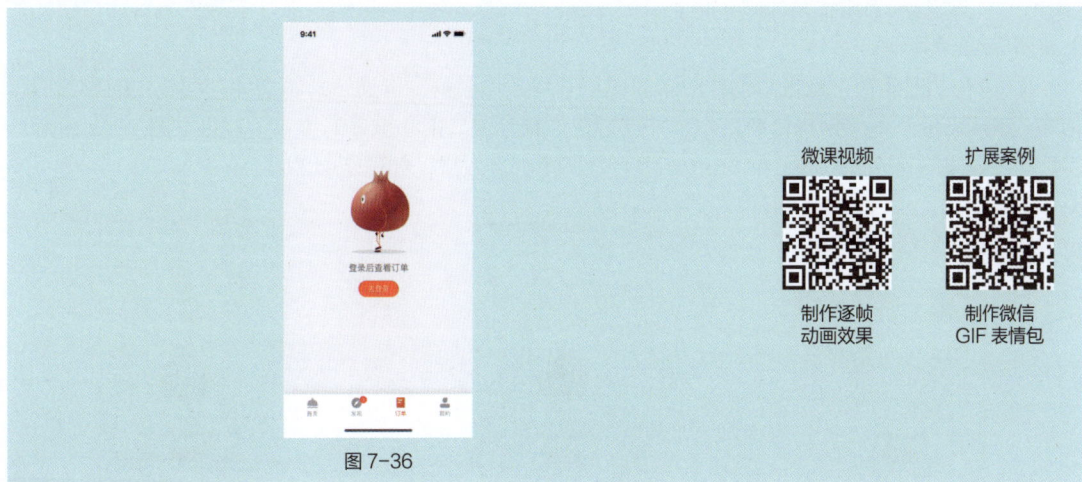

图 7-36

效果所在位置

云盘 /Ch07/ 效果 / 制作逐帧动画效果 .fla。

（1）选择"文件 > 新建"命令，弹出"新建文档"对话框，在"详细信息"选项组中，将"宽"设为 750，"高"设为 1624，在"平台类型"下拉列表中选择"ActionScript 3.0"选项，单击"创建"按钮，完成文档的创建。

（2）按 Ctrl+F8 组合键，弹出"创建新元件"对话框，在"名称"文本框中输入"卡通石榴"，在"类型"下拉列表中选择"影片剪辑"选项，如图 7-37 所示，单击"确定"按钮，新建影片剪辑元件"卡通石榴"，如图 7-38 所示，舞台窗口也随之转换为影片剪辑元件的舞台窗口。

图 7-37

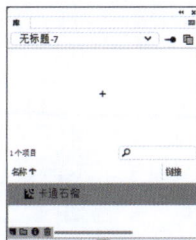

图 7-38

（3）选择"文件 > 导入 > 导入到舞台"命令，在弹出的"导入"对话框中，选择云盘中的"Ch07 > 素材 > 制作逐帧动画效果 > 01"文件，单击"打开"按钮，弹出提示对话框，如图 7-39 所示，询问是否导入序列中的所有图像，单击"是"按钮，图片序列被导入舞台窗口中，如图 7-40 所示。

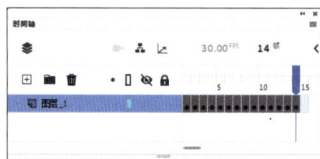

图 7-39　　　　　　　　　　　　　　　　　图 7-40

（4）单击舞台窗口左上方的图标 ← ，进入"场景 1"的舞台窗口。将"图层 _1"重命名为"底图"。选择"文件 > 导入 > 导入到舞台"命令，在弹出的"导入"对话框中，选择云盘中的"Ch07 > 素材 > 制作逐帧动画效果 > 15"文件，单击"打开"按钮，图片被导入舞台窗口中，效果如图 7-41 所示。

（5）在"时间轴"面板中创建一个新图层并将其命名为"卡通"。将"库"面板中的影片剪辑元件"卡通石榴"拖曳到舞台窗口中，并放置在与舞台窗口中心重叠的位置，效果如图 7-42 所示。逐帧动画效果制作完成，按 Ctrl+Enter 组合键即可查看效果，如图 7-43 所示。

图 7-41　　　　　　　　图 7-42　　　　　　　　图 7-43

7.2.2　帧动画

选择"文件 > 打开"命令，将"基础素材 > Ch07 > 02"文件打开，如图 7-44 所示。在"时间轴"面板中创建一个新图层并将其命名为"气球"。将"库"面板中的图形元件"气球"拖曳到舞台窗口中，并放置在适当的位置，效果如图 7-45 所示。

选中"气球"图层的第 5 帧，按 F6 键，插入关键帧，如图 7-46 所示，将气球图形向左上方拖曳到适当的位置，效果如图 7-47 所示。

　　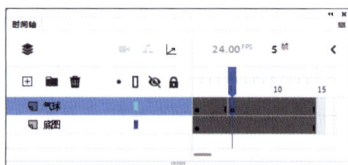　

图 7-44　　　　　图 7-45　　　　　　　　　图 7-46　　　　　　　　图 7-47

选中"气球"图层的第 10 帧，按 F6 键，插入关键帧，如图 7-48 所示，将气球图形向左上方拖曳到适当的位置，效果如图 7-49 所示。

选中"气球"图层的第 14 帧，按 F6 键，插入关键帧，如图 7-50 所示，将气球图形向右上方拖曳到适当的位置，效果如图 7-51 所示。

图 7-48

图 7-49

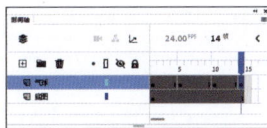
图 7-50

图 7-51

按 Enter 键，即可观看制作效果。在不同的关键帧上动画显示的效果如图 7-52 所示。

（a）第 1 帧

（b）第 5 帧

（c）第 10 帧

（d）第 14 帧

图 7-52

7.2.3　逐帧动画

新建一个空白文档，选择"文本"工具 $\mathbf{T}$ ，在第 1 帧的舞台中输入文字"美"，效果如图 7-53 所示。在"时间轴"面板中选中第 2 帧，如图 7-54 所示，按 F6 键，插入关键帧，如图 7-55 所示。

图 7-53

图 7-54

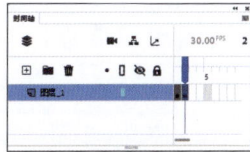
图 7-55

在第 2 帧的舞台中输入"好"字，效果如图 7-56 所示。用相同的方法在第 3 帧上插入关键帧，在舞台中输入"时"字，效果如图 7-57 所示。在第 4 帧上插入关键帧，在舞台中输入"光"字，效果如图 7-58 所示。按 Enter 键播放，即可观看制作效果。

图 7-56

图 7-57

图 7-58

还可以通过从外部导入图片组来实现逐帧动画的效果。

选择"文件 > 导入 > 导入到舞台"命令，弹出"导入"对话框，在对话框中选中素材文件，如图 7-59 所示，单击"打开"按钮，弹出提示对话框，询问是否将序列中的所有图像导入，如图 7-60 所示。

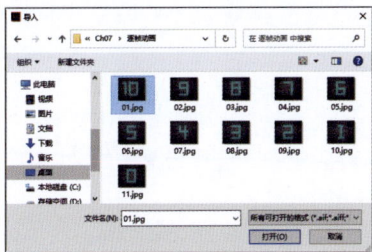
图 7-59

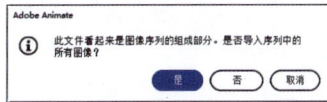
图 7-60

单击"是"按钮，将图像序列导入舞台中，效果如图 7-61 所示。"时间轴"面板如图 7-62 所示，按 Enter 键播放，即可观看制作效果。

图 7-61

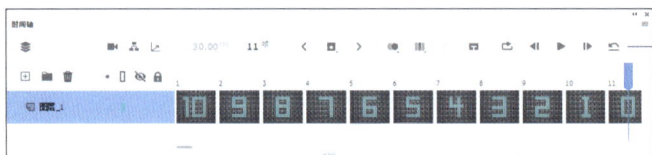

图 7-62

7.3 形状补间动画的创建

形状补间动画是使图形形状发生变化的动画，它所处理的对象必须是舞台上的图形。

7.3.1 课堂案例——制作文化动态海报

案例学习目标

使用"创建补间形状"命令制作形状演变动画。

案例知识要点

使用"导入"命令导入素材；使用"分离"命令和"创建形状补间"命令制作形状演变效果；使用"时间轴"面板控制每个图层的出场顺序，效果如图 7-63 所示。

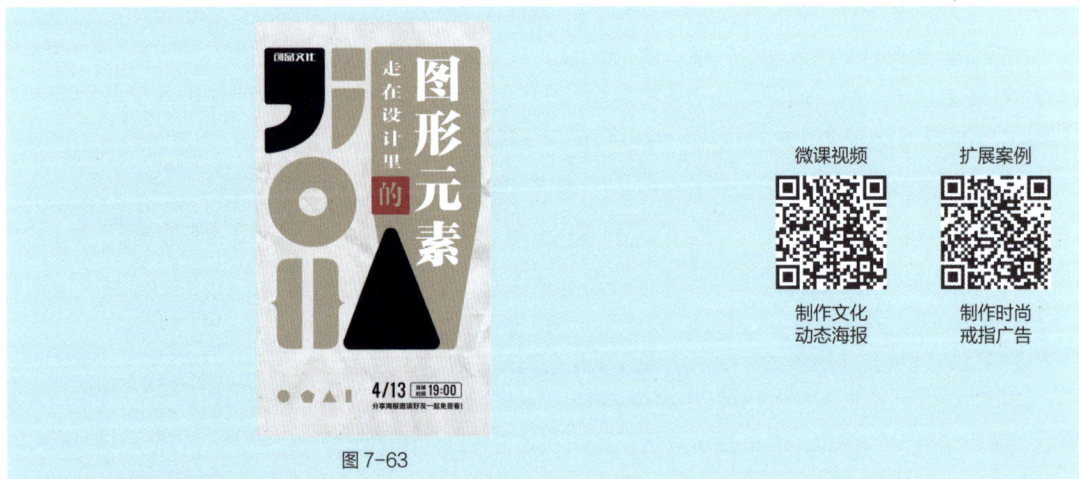

图 7-63

效果所在位置

云盘 /Ch07/ 效果 / 制作文化动态海报 .fla。

（1）选择"文件 > 打开"命令，在弹出的"打开"对话框中，选择云盘中的"Ch07 > 素材 > 制作文化动态海报 > 01"文件，单击"打开"按钮，打开文件。

（2）选择"文件 > 导入 > 导入到库"命令，在弹出的"导入到库"对话框中，选择云盘中的

"Ch07 > 素材 > 制作文化动态海报 > 02 ~ 05"文件，单击"打开"按钮，文件被导入"库"面板中，如图 7-64 所示。

（3）在"时间轴"面板中创建一个新图层并将其命名为"动画 9"。选中"动画 9"图层的第 10 帧，按 F6 键，插入关键帧。将"库"面板中的图形元件"02"拖曳到舞台窗口中，并放置在适当的位置，效果如图 7-65 所示。

（4）保持实例的选取状态，按 Ctrl+B 组合键，将其打散，效果如图 7-66 所示。选中"动画 9"图层的第 19 帧，按 F7 键，插入空白关键帧。将"库"面板中的图形元件"03"拖曳到舞台窗口中，并放置在与"02"图形中心叠加的位置，效果如图 7-67 所示。

图 7-64

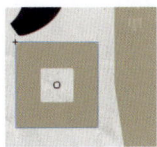

图 7-65

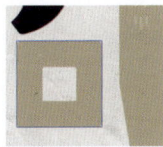

图 7-66

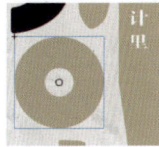

图 7-67

（5）保持实例的选取状态，按 Ctrl+B 组合键，将其打散，效果如图 7-68 所示。用鼠标右键单击"动画 9"图层的第 10 帧，在弹出的菜单中选择"创建补间形状"命令，创建形状补间动画，如图 7-69 所示。

图 7-68

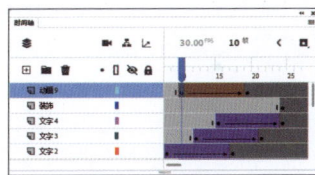

图 7-69

（6）在"时间轴"面板中创建一个新图层并将其命名为"动画 10"。选中"动画 10"图层的第 12 帧，按 F6 键，插入关键帧。将"库"面板中的图形元件"04"拖曳到舞台窗口中，并放置在适当的位置，效果如图 7-70 所示。

（7）保持实例的选取状态，按 Ctrl+B 组合键，将其打散，效果如图 7-71 所示。选中"动画 10"图层的第 21 帧，按 F7 键，插入空白关键帧。将"库"面板中的图形元件"05"拖曳到舞台窗口中，并放置在与"02"图形中心叠加的位置，效果如图 7-72 所示。

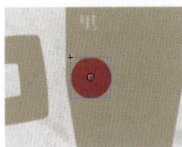

图 7-70

图 7-71

图 7-72

（8）在"时间轴"面板中，按住 Shift 键的同时，选中"动画 9"图层和"动画 10"图层，如图 7-73 所示。将选中的图层拖曳到"动画 8"图层的上方，如图 7-74 所示。文化动态海报制作完成，按 Ctrl+Enter 组合键即可查看效果。

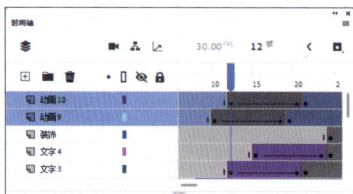

图 7-73　　　　　　　　　　　　　　　　图 7-74

7.3.2　简单形状补间动画

如果舞台上的对象是组件实例、多个图形的组合、文字、导入的素材对象，必须先分离或取消组合，将其打散成图形，才能制作形状补间动画。利用这种动画，也可以实现上述对象的大小、位置、旋转、颜色及不透明度等的变化。

选择"文件 > 导入 > 导入到舞台"命令，将"03"文件导入舞台的第 1 帧中。多次按 Ctrl+B 组合键，将其打散，效果如图 7-75 所示。选中"图层 -1"的第 10 帧，按 F7 键，插入空白关键帧，如图 7-76 所示。

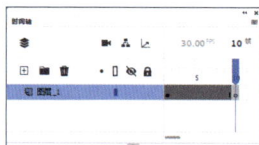

图 7-75　　　　　　　　　　　　　　　　图 7-76

选择"文件 > 导入 > 导入到库"命令，将"04"文件导入库中。将"库"面板中的图形元件"04"拖曳到第 10 帧的舞台窗口中，多次按 Ctrl+B 组合键，将其打散，效果如图 7-77 所示。

用鼠标右键单击"图层_1"的第 1 帧，在弹出的快捷菜单中选择"创建补间形状"命令，如图 7-78 所示。

设为"形状"后，"属性"面板中将出现如下两个新的选项。

"缓动"选项：用于设定变形动画从开始到结束时的变形速度，可在"效果"选项中设置数值（其取值范围为 -100 ～ 100，当数值为正数时，变形速度呈减速度，即开始时速度快，然后速度逐渐减慢；当数值为负数时，变形速度呈加速度，即开始时速度慢，然后速度逐渐加快）或选择预设缓动。

"混合"选项：提供了"分布式"和"角形"两个选项。选择"分布式"选项可以使变形的中间形状趋于平滑，"角形"选项则创建包含角度和直线的中间形状。

设置完成后，在"时间轴"面板中，第 1 帧到第 10 帧之间将出现橙色的背景和黑色的箭头，表示生成形状补间动画，如图 7-79 所示。按 Enter 键播放，即可观看制作效果。

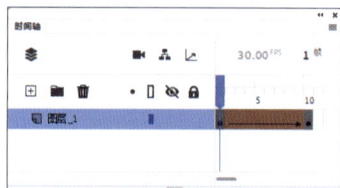

图 7-77　　　　　　　　　　图 7-78　　　　　　　　　　图 7-79

在变形过程中，每一帧上的图形都有所不同，效果如图 7-80 所示。

| (a) 第1帧 | (b) 第3帧 | (c) 第5帧 | (d) 第7帧 | (e) 第10帧 |

图 7-80

7.3.3　应用变形提示

使用变形提示，可以让原图形上的某一点变换到目标图形的某一点上。应用变形提示可以制作出各种复杂的变形效果。

选择"多角星形"工具 ，在"多角星形"工具"属性"面板中对各选项进行设置，在第 1 帧的舞台中绘制出 1 个五角星，效果如图 7-81 所示。选中第 10 帧，按 F7 键，插入空白关键帧，如图 7-82 所示。

选择"文本"工具 T，在"文本"工具"属性"面板中对各选项进行设置，在舞台窗口中适当的位置输入大小为 200、字体为"汉仪超粗黑简"的玫红色（#FD2D61）字母"A"，效果如图 7-83 所示。

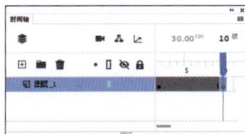

| 图 7-81 | 图 7-82 | 图 7-83 |

选择"选择"工具 ，选择字母"A"，按 Ctrl+B 组合键，将其打散，效果如图 7-84 所示。用鼠标右键单击第 1 帧，在弹出的菜单中选择"创建补间形状"命令，如图 7-85 所示。设置完成后，在"时间轴"面板中，第 1 帧至第 10 帧之间将出现橙色的背景和黑色的箭头，表示生成形状补间动画，如图 7-86 所示。

 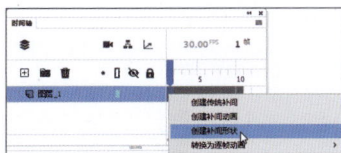 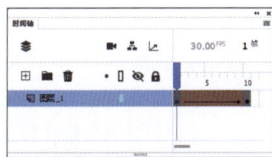

| 图 7-84 | 图 7-85 | 图 7-86 |

将"时间轴"面板中的播放头放在第 1 帧上，选择"修改 > 形状 > 添加形状提示"命令，或按 Ctrl+Shift+H 组合键，在五角星的中间出现红色的提示点"a"，如图 7-87 所示。将提示点移动到五角星上方的角点上，如图 7-88 所示。将"时间轴"面板中的播放头放在第 10 帧上，第 10 帧的字母"A"中间也出现红色的提示点"a"，如图 7-89 所示。

| 图 7-87 | 图 7-88 | 图 7-89 |

将字母"A"中间的提示点移动到右下方的轮廓线上，提示点从红色变为绿色，如图 7-90 所示。

这时，再将播放头放置在第 1 帧上，可以观察到刚才还是红色的提示点现在变为黄色，如图 7-91 所示，这表示在第 1 帧的提示点和第 10 帧的提示点已经相互对应。

用相同的方法在第 1 帧的五角星中再添加 2 个提示点，分别为 "b" "c"，并将其分别放置在五角星下方的两个角点上，如图 7-92 所示。在第 10 帧中，将提示点按顺时针的方向分别设置在字母 "A" 的轮廓线和角点上，如图 7-93 所示。完成提示点的设置，按 Enter 键播放，即可观看效果。

| 图 7-90 | 图 7-91 | 图 7-92 | 图 7-93 |

> **提示**
>
> 形状提示点一定要按顺时针的方向添加，顺序不能错，否则无法实现效果。

在未使用变形提示前，Animate 2020 自动生成的图形变化过程如图 7-94 所示。

（a）第 1 帧　　　　（b）第 3 帧　　　　（c）第 5 帧　　　　（d）第 7 帧　　　　（e）第 10 帧

图 7-94

在使用变形提示后，在提示点的作用下生成的图形变化过程如图 7-95 所示。

（a）第 1 帧　　　　（b）第 3 帧　　　　（c）第 5 帧　　　　（d）第 7 帧　　　　（e）第 10 帧

图 7-95

7.4　补间动画的创建

补间动画所处理的对象必须是舞台上的组件实例、多个图形的组合、文字、导入的素材对象。利用补间动画，可以实现上述对象的大小、位置、旋转、颜色及不透明度等变化效果。

7.4.1　课堂案例——制作饰品类公众号封面首图

案例学习目标

使用 "创建传统补间" 命令制作动画。

案例知识要点

使用 "导入" 命令导入素材制作图形元件，使用 "创建传统补间" 命令创建传统补间动画，使用 "属性"面板改变实例图形的不透明度和色调，效果如图 7-96 所示。

微课视频   扩展案例

制作饰品类   制作城市
公众号封面首图   动画

图 7-96

效果所在位置

云盘 /Ch07/ 效果 / 制作饰品类公众号封面首图 .fla。

1. 制作图形元件

（1）选择"文件 > 新建"命令，弹出"新建文档"对话框，在"详细信息"选项组中，将"宽"设为 1175，"高"设为 500，在"平台类型"下拉列表中选择"ActionScript 3.0"选项，单击"创建"按钮，完成文档的创建。按 Ctrl+J 组合键，弹出"文档设置"对话框，将"舞台颜色"设为黄色（#FFCC00），单击"确定"按钮，完成文档属性的修改。

（2）选择"文件 > 导入 > 导入到库"命令，在弹出的"导入到库"对话框中，选择云盘中的"Ch07 > 素材 > 制作饰品类公众号封面首图 > 01 ～ 04"文件，单击"打开"按钮，文件被导入"库"面板中，如图 7-97 所示。

（3）按 Ctrl+F8 组合键，弹出"创建新元件"对话框，在"名称"文本框中输入"手表 1"，在"类型"下拉列表中选择"图形"选项，单击"确定"按钮，新建图形元件"手表 1"，如图 7-98 所示，舞台窗口也随之转换为图形元件的舞台窗口。将"库"面板中的位图"02"拖曳到舞台窗口中，并放置在适当的位置，效果如图 7-99 所示。

（4）新建图形元件"手表 2"，舞台窗口也随之转换为图形元件"手表 2"的舞台窗口。将"库"面板中的位图"03"拖曳到舞台窗口中，并放置在适当的位置，效果如图 7-100 所示。用相同的方法将位图"04"制作成图形元件"文字"，效果如图 7-101 所示。

图 7-97　　　　图 7-98　　　　图 7-99　　　　图 7-100　　　　图 7-101

2. 制作场景动画

（1）单击舞台窗口左上方的图标 ←，进入"场景 1"的舞台窗口。将"图层_1"重新命名为"底图"。将"库"面板中的位图"01"拖曳到舞台窗口中，并放置在与舞台中心重叠的位置，效果如图 7-102 所示。选中"底图"图层的第 90 帧，按 F5 键，插入普通帧。

（2）在"时间轴"面板中创建一个新图层并将其命名为"手表 1"。将"库"面板中的图形元件"手表 1"拖曳到舞台窗口中，并放置在适当的位置，效果如图 7-103 所示。选中"手表 1"图层的第 20 帧，按 F6 键，插入关键帧。

图 7-102

图 7-103

（3）选中"手表 1"图层的第 1 帧，在舞台窗口中选中"手表 1"实例，将其水平向左拖曳到适当的位置，效果如图 7-104 所示。保持实例的选取状态，在图形"属性"面板"对象"选项卡中，展开"色彩效果"选项组，在"样式"下拉列表中选择"Alpha"选项，并将其值设为 0%，效果如图 7-105 所示。

图 7-104

图 7-105

（4）用鼠标右键单击"手表 1"图层的第 1 帧，在弹出的菜单中选择"创建传统补间"命令，生成传统补间动画，如图 7-106 所示。

（5）在"时间轴"面板中创建一个新图层并将其命名为"手表 2"。将"库"面板中的图形元件"手表 2"拖曳到舞台窗口中，并放置在适当的位置，效果如图 7-107 所示。选中"手表 2"图层的第 20 帧，按 F6 键，插入关键帧。

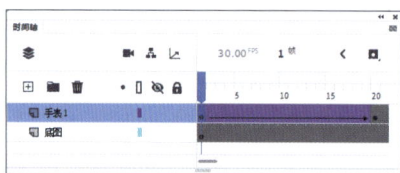

图 7-106

图 7-107

（6）选中"手表 2"图层的第 1 帧，在舞台窗口中选中"手表 2"实例，将其水平向右拖曳到适当的位置，效果如图 7-108 所示。保持实例的选取状态，在图形"属性"面板"对象"选项卡中，展开"色彩效果"选项组，在"样式"下拉列表中选择"Alpha"选项，并将其值设为 0%，效果如图 7-109 所示。

图 7-108

图 7-109

（7）用鼠标右键单击"手表 2"图层的第 1 帧，在弹出的菜单中选择"创建传统补间"命令，生成传统补间动画。

（8）分别选中"手表1"图层的第25帧、第27帧、第29帧、第31帧、第33帧和第35帧，按F6键，插入关键帧，如图7-110所示。

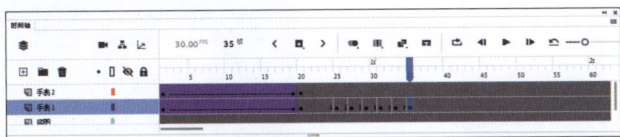

图7-110

（9）选中"手表1"图层的第25帧，在舞台窗口中选中"手表1"实例，在图形"属性"面板"对象"选项卡中，展开"色彩效果"选项组，在"样式"下拉列表中选择"色调"选项，在右侧的颜色框中将颜色设为白色，其他选项的设置如图7-111所示，效果如图7-112所示。

（10）用上述的方法分别对"手表1"图层的第29帧、第33帧中的对象进行设置。分别选中"手表2"图层的第27帧、第29帧、第31帧、第33帧、第35帧和第37帧，按F6键，插入关键帧。

（11）选中"手表2"图层的第27帧，在舞台窗口中选中"手表2"实例，在图形"属性"面板"对象"选项卡中，展开"色彩效果"选项组，在"样式"下拉列表中选择"色调"选项，在右侧的颜色框中将颜色设为白色，其他选项的设置如图7-113所示，效果如图7-114所示。用上述的方法分别对"手表2"图层的第31帧、第35帧中的对象进行设置。

图7-111

图7-112

图7-113

图7-114

（12）在"时间轴"面板中创建一个新图层并将其命名为"文字"。选中"文字"图层的第15帧，按F6键，插入关键帧。将"库"面板中的图形元件"文字"拖曳到舞台窗口中，并放置在适当的位置，效果如图7-115所示。

（13）选中"文字"图层的第30帧，按F6键，插入关键帧。选中"文字"图层的第15帧，在舞台窗口中将"文字"实例垂直向下拖曳到适当的位置，效果如图7-116所示。保持实例的选取状态，在图形"属性"面板"对象"选项卡中，展开"色彩效果"选项组，在"样式"下拉列表中选择"Alpha"选项，并将其值设为0%，效果如图7-117所示。

图7-115

图7-116

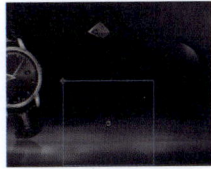

图7-117

（14）用鼠标右键单击"文字"图层的第15帧，在弹出的菜单中选择"创建传统补间"命令，生成传统补间动画，如图7-118所示。饰品类公众号封面首图制作完成，按Ctrl+Enter组合键即可查看效果，如图 7-119 所示。

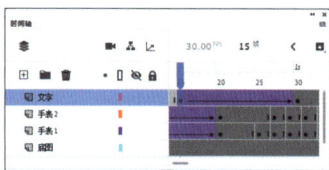

图 7-118

图 7-119

7.4.2　创建补间动画

补间动画是一种使用元件的动画，用来创建运动、大小和旋转的变化、淡化以及颜色效果。

打开云盘中的"基础素材 > Ch07 > 05"文件，如图 7-120 所示。在"时间轴"面板中创建一个新图层并将其命名为"飞机"，如图 7-121 所示。将"库"面板中的图形元件"飞机"拖曳到舞台窗口的左外侧，如图 7-122 所示。

图 7-120

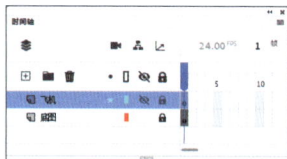

图 7-121

图 7-122

分别选中"底图"图层和"飞机"图层的第 40 帧，按 F5 键，插入普通帧。用鼠标右键单击"飞机"图层的第 1 帧，在弹出的快捷菜单中选择"创建补间动画"命令，如图 7-123 所示，补间动画创建完成，如图 7-124 所示。

创建完成后补间范围以黄色背景显示，而且只有第 1 帧为关键帧，其余帧均为普通帧。

图 7-123

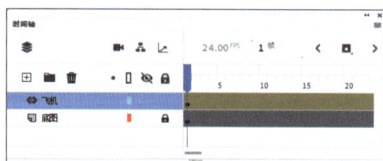

图 7-124

创建"动画"后，"属性"面板中将出现多个新的选项，如图 7-125 所示。

- "缓动"选项：用于设定动作补间动画从开始到结束时的运动速度。其取值范围为 -100 ～ 100。当数值为正数时，运动速度呈减速度，即开始时速度快，然后速度逐渐减慢；当数值为负数时，运动速度呈加速度，即开始时速度慢，然后速度逐渐加快。

- "旋转"选项：用于设置对象在运动过程中的旋转样式和次数。

- "调整到路径"选项：勾选此复选框后，可以按照运动轨迹曲线改变变化的方向。

图 7-125

- "路径"选项组：用于设置运动轨迹。
- "同步元件"选项：勾选此复选框后，如果对象是一个包含 动画效果的图形组件实例，其动画和主时间轴同步。

选中"飞机"图层的第 40 帧，在舞台窗口中将"飞机"实例拖曳到适当的位置，效果如图 7-126 所示。此时在第 40 帧上会自动产生一个属性关键帧，并在舞台窗口中显示运动轨迹。

选择"选择"工具▶，将鼠标指针放置在运动轨迹上，鼠标指针变为 ▶，如图 7-127 所示，单击鼠标左键并拖曳鼠标可以更改运动轨迹，效果如图 7-128 所示。

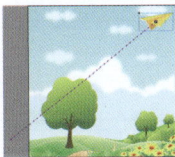 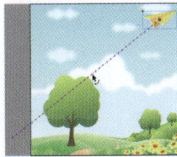 

图 7-126　　　　　　　　　　图 7-127　　　　　　　　　　图 7-128

完成补间动画的制作。按 Enter 键播放，即可观看制作效果。

7.4.3　创建传统补间

新建空白文档，选择"文件 > 导入 > 导入到库"命令，将"06"文件导入"库"面板中，如图 7-129 所示。将"库"面板中的图形元件"06"拖曳到舞台的左下方，效果如图 7-130 所示。

选中第 10 帧，按 F6 键，插入关键帧，如图 7-131 所示。将图形拖曳到舞台的右上方，效果如图 7-132 所示。

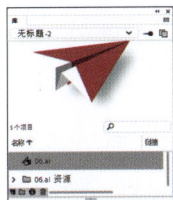 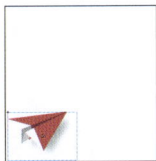 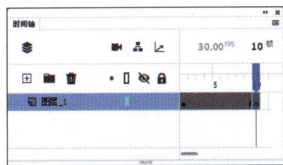 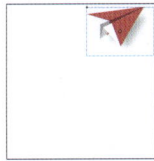

图 7-129　　　　　　图 7-130　　　　　　　　图 7-131　　　　　　　图 7-132

用鼠标右键单击第 1 帧，在弹出的菜单中选择"创建传统补间"命令，创建传统补间动画。

创建设为"动画"后，"属性"面板中将出现多个新的选项，如图 7-133 所示。

- "贴紧"选项：勾选此复选框后，如果使用运动引导动画，则根据对象的中心点将其吸附到运动路径上。
- "调整到路径"选项：勾选此复选框，对象在运动引导动画的过程中，可以根据引导路径的曲线改变变化的方向。
- "沿路径着色"选项：勾选此复选框，对象在运动引导动画的过程中，可以根据引导路径的曲线的颜色自动为对象着色。
- "沿路径缩放"选项：勾选此复选框，对象在运动引导动画的过程中，可以改变比例。
- "同步元件"选项：勾选此复选框后，如果对象是一个包含动画效果的图形组件实例，其动画和主时间轴同步。

图 7-133

● "缩放"选项：勾选此复选框，对象在动画过程中可以改变比例。

在"时间轴"面板中，第 1 帧至第 10 帧出现紫色的背景和黑色的箭头，表示生成传统补间动画，如图 7-134 所示，完成动作补间动画的制作。按 Enter 键播放，即可观看制作效果。

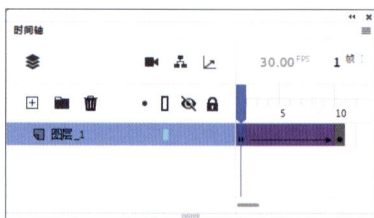

图 7-134

如果想观察制作的动作补间动画中每 1 帧产生的不同效果，可以单击"时间轴"面板下方的"绘图纸外观"按钮，并将标记点的起始点设为第 1 帧，终止点设为第 10 帧，如图 7-135 所示。舞台中将显示出在不同的帧中，图形位置的变化效果，如图 7-136 所示。

如果在帧"属性"面板中，将"旋转"设为"顺时针"，如图 7-137 所示，那么在不同的帧中，图形位置的变化效果如图 7-138 所示。

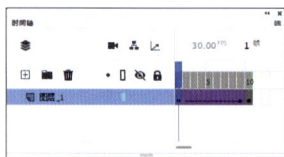
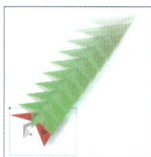

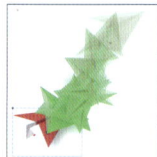

图 7-135   图 7-136   图 7-137   图 7-138

还可以在对象的运动过程中改变其大小、不透明度等，下面将进行介绍。

选择"文件 > 打开"命令，在弹出的"打开"对话框中，选择云盘中的"基础素材 > Ch07 > 07"文件，单击"打开"按钮打开文件，如图 7-139 所示。

选择"文件 > 导入 > 导入到库"命令，将"08"文件导入"库"面板中，如图 7-140 所示。在"时间轴"面板中创建一个新图层并将其命名为"幸运球"。将"库"面板中的图形元件"08"拖曳到舞台窗口的中心位置，效果如图 7-141 所示。

图 7-139   图 7-140   图 7-141

在"时间轴"面板中，用鼠标右键单击"幸运球"图层的第 20 帧，在弹出的快捷菜单中选择"插入关键帧"命令，在第 20 帧上插入一个关键帧，如图 7-142 所示。选择"任意变形"工具，在舞台中单击幸运球图形，出现变形控制点，如图 7-143 所示。

将鼠标指针放在左侧的控制点上，鼠标指针变为 ↔ 时，按住鼠标左键不放并向右拖曳控制点，将图形水平翻转，如图 7-144 所示。松开鼠标后效果如图 7-145 所示。

按 Ctrl+T 组合键，弹出"变形"面板，将"缩放宽度"和"缩放高度"均设为 130%，其他选项为默认值，如图 7-146 所示。按 Enter 键确定操作，效果如图 7-147 所示。

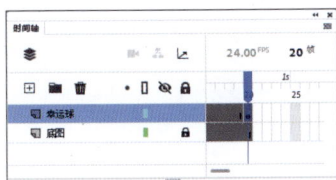

图 7-142

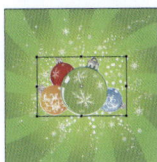

图 7-143

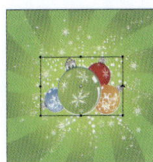

图 7-144

图 7-145

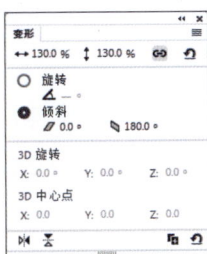

图 7-146

图 7-147

选择"选择"工具▶，选中图形，选择"窗口 > 属性"命令，弹出图形"属性"面板，在"色彩效果"选项组中的"样式"下拉列表中选择"Alpha"选项，并将下方的 Alpha 值设为 40%，如图 7-148 所示。

舞台中图形的不透明度被改变，效果如图 7-149 所示。在"时间轴"面板中，用鼠标右键单击"幸运球"图层的第 1 帧，在弹出的快捷菜单中选择"创建传统补间"命令，第 1 帧~第 20 帧之间生成动作补间动画，如图 7-150 所示。按 Enter 键播放，即可观看制作效果。

图 7-148

图 7-149

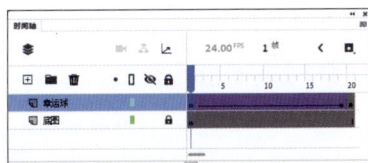

图 7-150

在不同的关键帧中，图形的动作变化效果如图 7-151 所示。

（a）第 1 帧

（b）第 5 帧

（c）第 10 帧

（d）第 15 帧

（e）第 20 帧

图 7-151

7.4.4　测试动画

在动画制作完成后，要对其进行测试。可以通过多种方法来测试动画。

1. 应用"播放"命令

选择"控制 > 播放"命令，或按 Enter 键，可以对当前舞台中的动画进行浏览。在"时间轴"面板中，可以看见播放头在移动。随着播放头的移动，舞台中显示出播放头所经过的帧上的内容。

　　2．应用"测试"命令

　　选择"控制 > 测试"命令，或按 Ctrl+Enter 组合键，可以进入动画测试窗口，对动画作品的多个场景进行连续的测试。

　　3．应用"测试场景"命令

　　选择"控制 > 测试场景"命令，或按 Ctrl+Alt+Enter 组合键，可以进入动画测试窗口，测试当前舞台窗口中显示的场景或元件中的动画。

> **提示**
>
> 　　如果需要循环播放动画，可以选择"控制 > 循环播放"命令，再单击"播放"按钮或选择其他测试命令。

7.5　骨骼动画的创建

骨骼动画可以创建人物运动的一些过程，如胳膊、腿和面部表情的自然运动。

7.5.1　课堂案例——制作骨骼动画

案例学习目标

使用"骨骼"工具制作骨骼动画。

案例知识要点

使用"导入"命令导入素材制作图形元件；使用"创建元件"命令制作影片剪辑元件；使用"骨骼"工具添加骨骼制作小鸡运动，效果如图 7-152 所示。

微课视频　　　　扩展案例

制作骨骼动画　　制作夕阳下的
　　　　　　　　　风景

图 7-152

效果所在位置

云盘 /Ch07/ 效果 / 制作骨骼动画 .fla。

（1）选择"文件 > 新建"命令，弹出"新建文档"对话框，在"详细信息"选项组中，将"宽"设为 600，"高"设为 600，在"平台类型"下拉列表中选择"ActionScript 3.0"选项，单击"创建"按钮，完成文档的创建。

（2）将"图层_1"重命名为"底图"，如图 7-153 所示。按 Ctrl+R 组合键，在弹出的"导入"对话框中，选择云盘中的"Ch07 > 素材 > 制作骨骼动画 > 01"文件，单击"打开"按钮，将文件导入舞台窗口中，效果如图 7-154 所示。选中"底图"图层的第 40 帧，按 F5 键，插入普通帧。

（3）按 Ctrl+R 组合键，在弹出的"导入"对话框中，选择云盘中的"Ch07 > 素材 > 制作骨骼动画 > 02"文件，单击"打开"按钮，弹出"将'02.ai'导入到舞台"对话框，单击"导入"按钮，将文件导入舞台窗口中，效果如图 7-155 所示。在"时间轴"面板中自动生成"图层_1"，如图 7-156 所示。

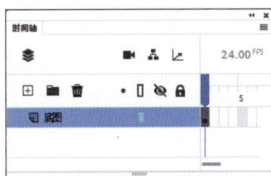

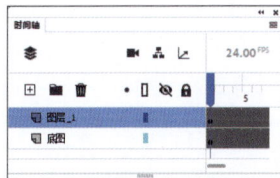

| 图 7-153 | 图 7-154 | 图 7-155 | 图 7-156 |

（4）选择"选择"工具 ▶，将小鸡图形拖曳到适当的位置，效果如图 7-157 所示。选中图 7-158 所示的图形，按 F8 键，在弹出的"转换为元件"对话框中进行设置，如图 7-159 所示，单击"确定"按钮，将选中的图形转换为影片剪辑元件。

| 图 7-157 | 图 7-158 | 图 7-159 |

（5）选中图 7-160 所示的图形，按 F8 键，在弹出的"转换为元件"对话框中进行设置，如图 7-161 所示，单击"确定"按钮，将选中的图形转换为影片剪辑元件。

| 图 7-160 | 图 7-161 |

（6）选中图 7-162 所示的图形，按 F8 键，弹出"转换为元件"对话框，在"名称"文本框中输入"头部"，在"类型"下拉列表中选择"影片剪辑"选项，单击"确定"按钮，将选中的图形转换为影片剪辑元件。

（7）选中图 7-163 所示的图形，按 F8 键，弹出"转换为元件"对话框，在"名称"文本框中输入"尾巴"，在"类型"下拉列表中选择"影片剪辑"选项，单击"确定"按钮，将选中的图形转换为影片剪辑元件。

（8）选中图 7-164 所示的实例图形，按 Ctrl+X 组合键，剪切选中的实例。将"图层–1"重命名为"腿"。在"时间轴"面板中创建一个新图层并将其命名为"小鸡"，如图 7-165 所示。按 Ctrl+Shift+V 组合键，将剪切的实例原位粘贴到"小鸡"图层的舞台窗口中。

（9）选择"骨骼"工具 ✔，将鼠标指针放置在"翅膀"实例上，鼠标指针变为 ⊹，单击并向"头部"实例拖曳鼠标指针到适当的位置，如图 7-166 所示，松开鼠标，创建翅膀与头部连接的骨骼，效果如图 7-167 所示。在"时间轴"面板中将自动生成一个骨骼图层"骨架 -1"。

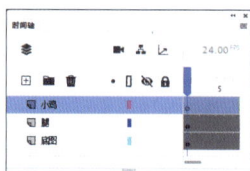

图 7-162 图 7-163 图 7-164 图 7-165

（10）将鼠标指针放置在"翅膀"实例的红色矩形块上，鼠标指针变为 ⌖，单击并向"身体"实例拖曳鼠标指针到适当的位置，如图 7-168 所示，松开鼠标，创建翅膀与身体连接的骨骼，效果如图 7-169 所示。

图 7-166 图 7-167 图 7-168 图 7-169

（11）将鼠标指针放置在"身体"实例骨骼点上，如图 7-170 所示，鼠标指针变为 ⌖，单击并向"尾巴"实例拖曳鼠标指针到适当的位置，松开鼠标，创建身体与尾巴连接的骨骼，效果如图 7-171 所示。调整各个实例的层次，效果如图 7-172 所示。

图 7-170 图 7-171 图 7-172

（12）选中"骨架 _1"图层的第 10 帧，按 F6 键，插入关键帧。在舞台窗口中调整各个实例的位置及角度，效果如图 7-173 所示。选中第 20 帧，按 F6 键，插入关键帧。在舞台窗口中调整各个实例的位置及角度，效果如图 7-174 所示。

（13）选中第 30 帧，按 F6 键，插入关键帧。在舞台窗口中调整各个实例的位置及角度，效果如图 7-175 所示。骨骼动画效果制作完成，按 Ctrl+Enter 组合键即可查看效果。

图 7-173 图 7-174 图 7-175

7.5.2 添加骨骼

使用"骨骼"工具 ✦，可以为影片剪辑元件、图形元件、按钮元件、单个图形添加骨骼。

打开云盘中的"基础素材 > Ch07 > 09"文件，如图 7-176 所示。选择"选择"工具▶，选中图 7-177 所示的图形，按 F8 键，弹出"转换为元件"对话框，在"名称"文本框中输入"头部"，在"类型"下拉列表中选择"影片剪辑"选项，单击"确定"按钮，将选中的图形转换为影片剪辑元件。用相同的方法分别将身体和尾巴部位转换为影片剪辑元件，如图 7-178 所示。

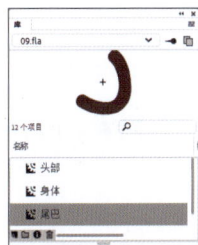

图 7-176   图 7-177   图 7-178

选择"骨骼"工具✐，将鼠标指针放置在身体部位上，鼠标指针变为✚，单击并向头部拖曳鼠标指针到适当的位置，如图 7-179 所示，松开鼠标，创建身体与头部连接的骨骼，效果如图 7-180 所示。

将鼠标指针放置在身体部位的骨骼点上，单击并向尾巴部位拖曳鼠标指针到适当的位置，松开鼠标，创建身体与尾巴连接的骨骼，效果如图 7-181 所示。

选择"选择"工具▶，按住 Shift 键的同时，在舞台窗口中选中需要的实例，如图 7-182 所示，选择"修改 > 排列 > 移至顶层"命令，将选中的实例置于顶层，效果如图 7-183 所示。

图 7-179   图 7-180   图 7-181   图 7-182   图 7-183

7.5.3 编辑骨骼

添加好骨骼之后，可以通过控件对实例进行平移或旋转等操作。

选择"选择"工具▶，在骨骼点上单击，将其选中，如图 7-184 所示。在骨骼点上出现一个圆圈和一个加号，如图 7-185 所示。

图 7-184   图 7-185

单击骨骼点，图标变为图 7-186 所示的效果，再次单击，图标变为图 7-187 所示的效果。将鼠标指针放置到圆圈上，圆圈变为红色，鼠标指针变为▶↻时，如图 7-188 所示，拖曳鼠标可以旋转实例。将鼠标放置到加号上，水平箭头变为红色、鼠标指针变为▶↔时，如图 7-189 所示，拖曳鼠标可以水平移动实例；将鼠标放置在加号上，垂直箭头变为红色、鼠标指针变为↕时，如图 7-190 所示，拖曳鼠标可以垂直移动实例。

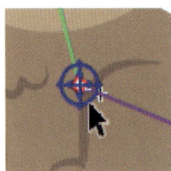 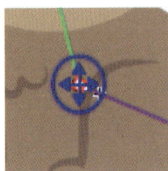 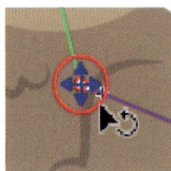 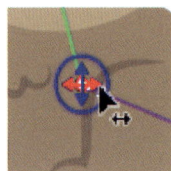 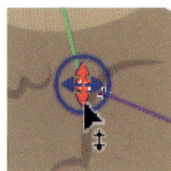

图 7-186 图 7-187 图 7-188 图 7-189 图 7-190

7.6 摄像机动画的创建

在 Animate 2020 中使用摄像头图层可以在动画中模拟真实的摄像机效果。

7.6.1 课堂案例——制作镜头动画

案例学习目标

使用"时间轴"面板创建摄像头图层。

案例知识要点

使用"打开"命令打开素材文件；使用"添加摄像头"按钮添加摄像头图层；使用摄像头属性制作镜头放大位移效果，效果如图 7-191 所示。

微课视频　　　　扩展案例

制作镜头动画　　　制作乡村风景

图 7-191

效果所在位置

云盘 /Ch07/ 效果 / 制作镜头动画 .fla。

（1）选择"文件 > 打开"命令，在弹出的"打开"对话框中，选择云盘中的"Ch07 > 素材 > 制作镜头动画 > 01"文件，如图 7-192 所示，单击"打开"按钮，打开文件，效果如图 7-193 所示。

（2）在"时间轴"面板中选中所有图层，如图 7-194 所示。单击"时间轴"面板上方的"添加摄像头"按钮 ■◀ ，为选中的图层创建摄像头图层，如图 7-195 所示。舞台窗口效果如图 7-196 所示。

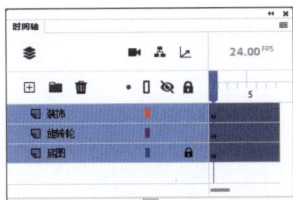

图 7-192

图 7-193

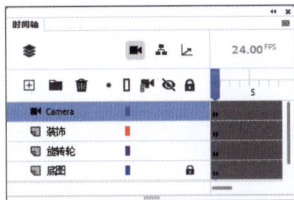

图 7-194　　　　图 7-195　　　　图 7-196

（3）选中"Camera"图层的第 60 帧，按 F6 键，插入关键帧。在舞台窗口中单击，在摄像头"属性"面板"工具"选项卡中，设置"摄像机设置"选项组中的"缩放"为 149%，如图 7-197 所示，效果如图 7-198 所示。

图 7-197　　　　　　　　图 7-198

（4）选中"Camera"图层的第 120 帧，按 F6 键，插入关键帧。将鼠标指针放置在舞台窗口中，鼠标指针变为 ✛ 时，按住 Shift 键的同时向右拖曳鼠标指针到适当的位置，可以移动摄像头的位置。舞台窗口效果如图 7-199 所示。

（5）用鼠标右键分别单击"Camera"图层的第 1 帧和第 60 帧，在弹出的菜单中选择"创建传统补间"命令，生成传统补间动画，如图 7-200 所示。镜头动画效果制作完成，按 Ctrl+Enter 组合键即可查看效果。

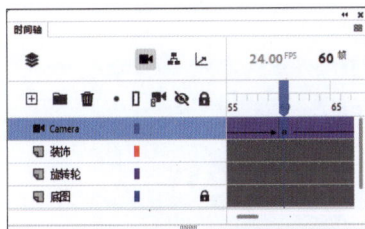

图 7-199　　　　　　　　图 7-200

7.6.2 添加摄像头图层

在 Animate 2020 中要创建镜头动画首先要添加摄像头图层。在"时间轴"面板中，单击面板上方的"添加摄像头"按钮 ■◄，或单击工具箱中的"摄像头"工具 ■◄，即可创建一个摄像头图层，如图 7-201 所示。

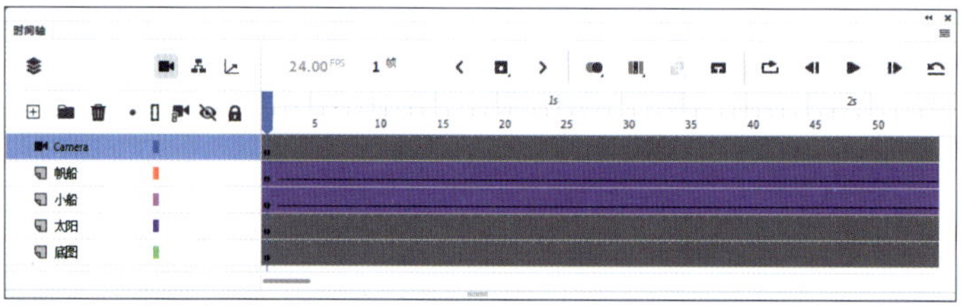

图 7-201

提示	在 Animate 2020 中只能添加一个摄像头图层。

7.6.3 设置摄像头图层的属性

添加摄像头图层后，可以在"属性"面板中设置位置、缩放和旋转等属性，如图 7-202 所示。

图 7-202

1. 位置

添加摄像头图层后，选择"摄像头"工具 ■◄，将鼠标指针放置在舞台窗口中，鼠标指针变为 ✛■◄，如图 7-203 所示，按住 Shift 键的同时，单击并拖曳鼠标可以移动摄像头的位置，效果如图 7-204 所示。

图 7-203

图 7-204

通过摄像头"属性"面板"摄像机设置"选项组中的"X"和"Y"选项，可以精确地设置摄像头的位置。

2. 缩放

添加摄像头图层后，在舞台窗口中出现摄像头工具，如图 7-205 所示。单击该工具中的"缩放"按钮 ，激活缩放控件，拖曳右侧的滑块可以缩放摄像头，如图 7-206 所示。

图 7-205   图 7-206

通过摄像头"属性"面板"摄像机设置"选项组中的"缩放"属性，可以精确地缩放摄像头。

3. 旋转

添加摄像头图层后，在舞台窗口中出现摄像头工具，如图 7-207 所示。单击该工具中的"旋转"按钮 ，激活旋转控件，拖曳右侧的滑块可以旋转摄像头，如图 7-208 所示。

图 7-207    图 7-208

通过摄像头"属性"面板"摄像机设置"选项组中的"旋转"属性，可以精确地设置摄像头旋转的角度。

课堂练习——制作城市动画

练习知识要点

使用"导入"命令导入素材制作图形元件；使用"创建传统补间"命令制作补间动画效果；使用"属性"面板设置动画的旋转次数，效果如图 7-209 所示。

微课视频

制作城市动画

图 7-209

效果所在位置

云盘 /Ch07/ 效果 / 制作城市动画 .fla。

课后习题——制作房地产广告

习题知识要点

使用"导入"命令导入素材制作图形元件；使用"文本"工具输入广告语；使用"创建传统补间"命令制作补间动画效果；使用"属性"面板改变实例的不透明度，效果如图 7-210 所示。

图 7-210

微课视频

制作房地产
广告

效果所在位置

云盘 /Ch07/ 效果 / 制作房地产广告 .fla。

08

第 8 章
图层与高级动画

本章介绍

　　图层在 Animate 2020 中有着重要作用。只有掌握图层的概念和熟练应用不同性质的图层，才有可能真正成为 Animate 高手。本章详细介绍图层的应用技巧，以及如何使用不同性质的图层来制作高级动画。读者通过学习可以了解并掌握图层的强大功能，并能充分利用图层来为自己的动画设计作品增光添彩。

学习目标

- 掌握图层的基本操作
- 掌握引导层和运动引导层动画的制作方法
- 掌握遮罩层的使用方法和应用技巧
- 熟练运用分散到图层功能编辑对象
- 了解场景动画的创建和编辑方法

素质目标

- 培养能够有效执行计划的能力
- 培养能够正确理解他人问题的沟通能力
- 培养具有主观能动性的学习能力

8.1　图层、引导层、运动引导层与分散到图层

图层类似于叠在一起的透明纸，下面图层中的内容可以透过上面图层中不包含内容的区域显示出来。除普通图层，还有一种特殊类型的图层——引导层。在引导层中，可以像其他图层一样绘制各种图形和引入元件等，但最终发布时引导层中的对象不会显示出来。

8.1.1　课堂案例——制作电商广告

案例学习目标

使用"添加传统运动引导层"命令添加引导层。

案例知识要点

使用"添加传统运动引导层"命令添加引导层；使用"钢笔"工具绘制曲线；使用"创建传统补间"命令制作花瓣飘落动画效果，效果如图 8-1 所示。

图 8-1

效果所在位置

云盘 /Ch08/ 效果 / 制作电商广告 .fla。

1.　导入素材制作图形元件

（1）选择"文件 > 新建"命令，弹出"新建文档"对话框，在"详细信息"选项组中，将"宽"设为 800，"高"设为 250，在"平台类型"下拉列表中选择"ActionScript 3.0"选项，单击"创建"按钮，完成文档的创建。

（2）选择"文件 > 导入 > 导入到库"命令，在弹出的"导入到库"对话框中，选择云盘中的"Ch08 > 素材 > 制作电商广告 > 01 ~ 06"文件，单击"打开"按钮，将文件导入"库"面板中，如图 8-2 所示。

（3）按 Ctrl+F8 组合键，弹出"创建新元件"对话框，在"名称"文本框中输入"花瓣 1"，在"类型"下拉列表中选择"图形"选项，单击"确定"按钮，新建图形元件"花瓣 1"，如图 8-3 所示，舞台窗口也随之转换为图形元件的舞台窗口。将"库"面板中的位图"02"文件拖曳到舞台窗口中，如图 8-4 所示。

（4）用相同的方法将"库"面板中的位图"03""04""05""06"文件，分别制作成图形元件"花瓣 2""花瓣 3""花瓣 4""花瓣 5"，如图 8-5 所示。

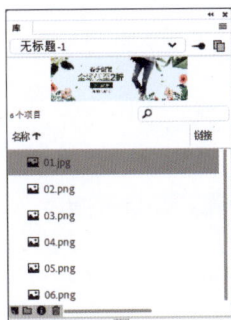

图 8-2

图 8-3

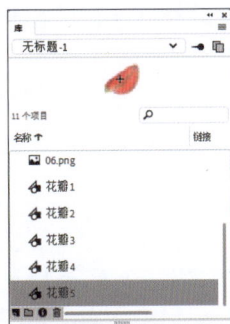

图 8-4

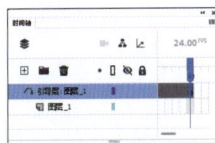

图 8-5

2. 制作影片剪辑元件

（1）按 Ctrl+F8 组合键，弹出"创建新元件"对话框，在"名称"文本框中输入"花瓣动1"，在"类型"下拉列表中选择"影片剪辑"选项，如图 8-6 所示，单击"确定"按钮，新建影片剪辑元件"花瓣动1"，舞台窗口也随之转换为影片剪辑元件的舞台窗口。

（2）在"时间轴"面板中，用鼠标右键单击"图层_1"，在弹出的快捷菜单中选择"添加传统运动引导层"命令，为"图层_1"添加运动引导层，如图 8-7 所示。

（3）选择"钢笔"工具 ，在工具箱中将"笔触颜色"设为红色（#FF0000），单击工具箱下方"选项"选项组中的"平滑"按钮 ，在引导层上绘制出 1 条曲线，效果如图 8-8 所示。选中引导层的第 40 帧，按 F5 键，插入普通帧，如图 8-9 所示。

图 8-6

图 8-7

图 8-8

图 8-9

（4）选中"图层_1"的第 1 帧，将"库"面板中的图形元件"花瓣1"拖曳到舞台窗口中并将其放置在曲线上方的端点上，效果如图 8-10 所示。

（5）选中"图层_1"的第 40 帧，按 F6 键，插入关键帧，如图 8-11 所示。选择"选择"工具 ，在舞台窗口中将"花瓣1"实例移动到曲线下方的端点上，效果如图 8-12 所示。

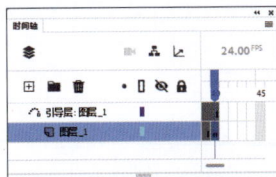

图 8-10

图 8-11

图 8-12

（6）用鼠标右键单击"图层_1"的第 1 帧，在弹出的快捷菜单中选择"创建传统补间"命令，在第 1 帧和第 40 帧之间生成动作补间动画，如图 8-13 所示。

（7）参考上述的方法用图形元件"花瓣2""花瓣3""花瓣4""花瓣5"，分别制作影片剪辑元件"花瓣动2""花瓣动3""花瓣动4""花瓣动5"，如图 8-14 所示。

（8）按 Ctrl+F8 组合键，弹出"创建新元件"对话框，在"名称"文本框中输入"一起动"，在"类型"下拉列表中选择"影片剪辑"选项，单击"确定"按钮，新建影片剪辑元件"一起动"，如图 8-15 所示，舞台窗口也随之转换为影片剪辑元件的舞台窗口。

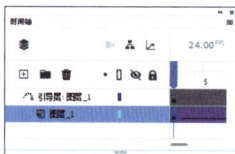

图 8-13 图 8-14 图 8-15

（9）将"库"面板中的影片剪辑元件"花瓣动 1"拖曳到舞台窗口中，效果如图 8-16 所示。选中"图层 -1"的第 50 帧，按 F5 键，插入普通帧。

（10）单击"时间轴"面板上方的"新建图层"按钮⊞，新建"图层 _2"。选中"图层 _2"的第 5 帧，按 F6 键，插入关键帧。将"库"面板中的影片剪辑元件"花瓣动 2"向舞台窗口中拖曳两次，效果如图 8-17 所示。

（11）单击"时间轴"面板下方的"新建图层"按钮⊞，新建"图层 _3"。选中"图层 _3"的第 10 帧，按 F6 键，插入关键帧。将"库"面板中的影片剪辑元件"花瓣动 3"拖曳到舞台窗口中，效果如图 8-18 所示。

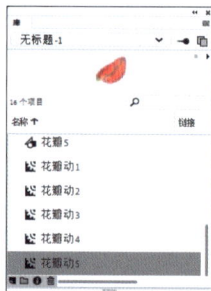

图 8-16 图 8-17 图 8-18

（12）单击"时间轴"面板下方的"新建图层"按钮⊞，新建"图层 _4"。选中"图层 _4"的第 15 帧，按 F6 键，插入关键帧。将"库"面板中的影片剪辑元件"花瓣动 4"向舞台窗口中拖曳两次，效果如图 8-19 所示。

（13）单击"时间轴"面板下方的"新建图层"按钮⊞，新建"图层 _5"。选中"图层 _5"的第 20 帧，按 F6 键，插入关键帧。将"库"面板中的影片剪辑元件"花瓣动 5"拖曳到舞台窗口中，效果如图 8-20 所示。

图 8-19 图 8-20

（14）单击舞台窗口左上方的图标 ←，进入"场景 1"的舞台窗口。将"图层 _1"重命名为"底图"。将"库"面板中的位图"01"拖曳到舞台窗口的中心位置，效果如图 8-21 所示。

图 8-21

（15）在"时间轴"面板中创建一个新图层并将其命名为"花瓣"。将"库"面板中的影片剪辑元件"一起动"拖曳到舞台窗口中，并放置在适当的位置，效果如图 8-22 所示。电商广告效果制作完成，按 Ctrl+Enter 组合键即可查看效果，效果如图 8-23 所示。

图 8-22

图 8-23

8.1.2 图层的设置

1. 图层的右键快捷菜单

用鼠标右键单击"时间轴"面板中的图层名称，弹出菜单，如图 8-24 所示。

- "显示并解锁全部"命令：用于显示并解锁所有的隐藏图层、图层文件夹。
- "锁定其他图层"命令：用于锁定除当前图层以外的所有图层。
- "隐藏其他图层"命令：用于隐藏除当前图层以外的所有图层。
- "显示其他透明图层"命令：用于显示除当前图层以外的其他透明图层。
- "插入图层"命令：用于在当前图层上创建一个新的图层。
- "删除图层"命令：用于删除当前图层。
- "剪切图层"命令：用于将当前图层剪切到剪贴板中。
- "拷贝图层"命令：用于复制当前图层。
- "粘贴图层"命令：用于粘贴所复制的图层。
- "复制图层"命令：用于复制当前图层并生成一个新图层。
- "合并图层"命令：用于将选中的两个或两个以上的图层合并为一个图层。
- "引导层"命令：用于将当前图层转换为普通引导层。
- "添加传统运动引导层"命令：用于将当前图层转换为运动引导层。
- "遮罩层"命令：用于将当前图层转换为遮罩层。
- "显示遮罩"命令：用于在舞台窗口中显示遮罩效果。
- "插入文件夹"命令：用于在当前图层上创建一个新的层文件夹。
- "删除文件夹"命令：用于删除当前的层文件夹。
- "展开文件夹"命令：用于展开当前的层文件夹，显示出其包含的图层。
- "折叠文件夹"命令：用于折叠当前的层文件夹。
- "展开所有文件夹"命令：用于展开"时间轴"面板中所有的层文件夹，显示出所包含的图层。
- "折叠所有文件夹"命令：用于折叠"时间轴"面板中所有的层文件夹。
- "属性"命令：用于设置图层的属性。

图 8-24

2. 创建图层

为了分门别类地组织动画内容，需要创建普通图层。选择"插入 > 时间轴 > 图层"命令，或在"时间轴"面板上方单击"新建图层"按钮，即可创建一个新的图层。

> **提示** 系统默认状态下，新创建的图层按"图层_1""图层_2"……的顺序命名，也可以根据需要自行设定图层的名称。

3. 选取图层

选取图层就是将选择的图层变为当前图层，用户可以在当前图层上放置对象、添加文本和图形以及进行编辑。要使图层成为当前图层的方法很简单，在"时间轴"面板中选中该图层即可。当前图层会在"时间轴"面板中以蓝色显示，如图8-25所示。

按住Ctrl键的同时，用鼠标左键在要选择的图层上单击，可以同时选中多个图层，如图8-26所示。按住Shift键的同时，用鼠标左键单击两个不相邻的图层，在这两个图层中间的其他图层也会被同时选中，如图8-27所示。

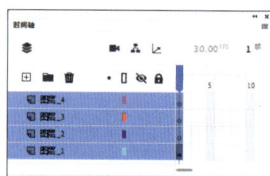

图8-25　　　　　图8-26　　　　　图8-27

4. 排列图层

可以根据需要，在"时间轴"面板中为图层重新排列顺序。

在"时间轴"面板中选中"图层_3"，如图8-28所示，按住鼠标左键不放，将"图层_3"向下拖曳，这时会出现一条线，如图8-29所示，将这条线拖曳到"图层_1"的下方，松开鼠标，"图层_3"将移动到"图层_1"的下方，如图8-30所示。

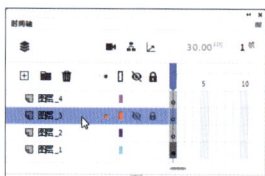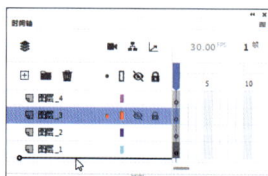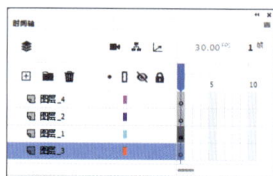

图8-28　　　　　图8-29　　　　　图8-30

5. 复制、粘贴图层

可以根据需要，将图层中的所有对象复制并粘贴到其他图层或场景中。

在"时间轴"面板中单击要复制的图层，如图8-31所示，选择"编辑 > 时间轴 > 复制帧"命令，或按Ctrl+Alt+C组合键，进行复制。在"时间轴"面板上方单击"新建图层"按钮⊞，创建一个新的图层，选中新的图层，如图8-32所示，选择"编辑 > 时间轴 > 粘贴帧"命令，或按Ctrl+Alt+V组合键，在新建的图层中粘贴复制的内容，如图8-33所示。

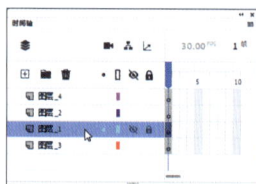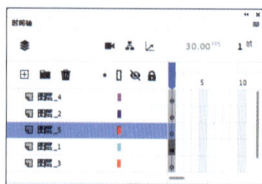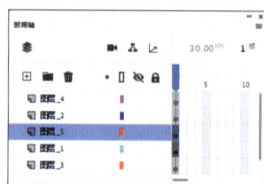

图8-31　　　　　图8-32　　　　　图8-33

6. 删除图层

如果某个图层不再需要，可以将其进行删除。删除图层有以下两种方法：在"时间轴"面板中选中要删除的图层，在面板上方单击"删除"按钮 🗑，即可删除选中图层，如图 8-34 所示；还可在要删除的图层上单击鼠标右键，在弹出的菜单中选择"删除图层"命令，如图 8-35 所示，删除选中图层，效果如图 8-36 所示。

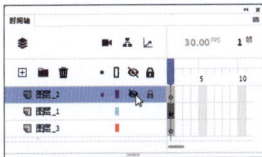
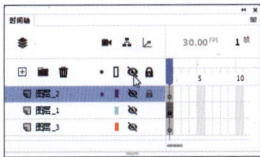
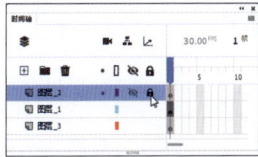

图 8-34   图 8-35   图 8-36

7. 隐藏、锁定图层和图层的显示模式

（1）隐藏图层：动画经常是多个图层叠加在一起的效果，为了便于观察某个图层中对象的效果，可以把其他的图层先隐藏起来。

在"时间轴"面板中单击某个图层的"显示或隐藏所有图层"按钮 👁，该图层就被隐藏，并在该图层上显示出一个图标 👁，如图 8-37 所示，此时该图层将不能被编辑。

在"时间轴"面板中单击"显示或隐藏所有图层"按钮 👁，面板中的所有图层将被同时隐藏，如图 8-38 所示。再单击此按钮，即可解除隐藏。

（2）锁定图层：如果某个图层上的内容已符合要求，则可以锁定该图层，以避免内容被意外地更改。

在"时间轴"面板中单击"锁定或解除锁定所有图层"按钮 🔒 下方的图标 🔒，这时图标 🔒 所在的图层就被锁定，并在该图层上显示出一个锁状图标 🔒，如图 8-39 所示，此时该图层将不能被编辑。

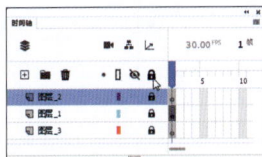
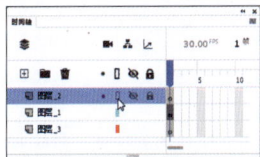
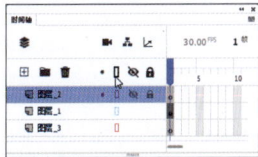

图 8-37   图 8-38   图 8-39

在"时间轴"面板中单击"锁定或解除锁定所有图层"按钮 🔒，面板中的所有图层将被同时锁定，如图 8-40 所示。再单击此按钮，即可解除锁定。

（3）图层的轮廓显示模式：为了便于观察图层中的对象，可以将对象以轮廓的模式进行显示。

在"时间轴"面板中单击"将所有图层显示为轮廓"按钮 ▯ 下方的实色长方形，这时实色长方形所在图层中的对象就呈轮廓模式显示，并在该图层上实色长方形变为轮廓图标 ▯，如图 8-41 所示，此时并不影响编辑图层。

在"时间轴"面板中单击"将所有图层显示为轮廓"按钮 ▯，面板中的所有图层将同时以线框模式显示，如图 8-42 所示。再单击此按钮，即可返回到普通模式。

图 8-40   图 8-41   图 8-42

（4）突出显示图层模式：为了便于观察图层，可以将重要图层进行突出显示。

在"时间轴"面板中单击"突出显示图层"按钮 • 下方的实色圆点，这时实色圆点所在图层将突出显示，并在该图层的下方出现一条实线，如图 8-43 所示，此时该图层将突出显示。

在"时间轴"面板中单击"突出显示图层"按钮 • ，面板中的所有图层将同时突出显示，如图 8-44 所示。再单击此按钮，即可取消突出显示。

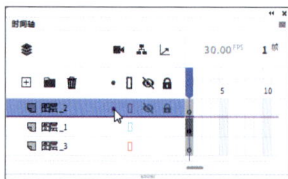

图 8-43   图 8-44

8. 重命名图层

可以根据需要更改图层的名称。更改图层名称有以下两种方法。

（1）双击"时间轴"面板中的图层名称，名称变为可编辑状态，如图 8-45 所示。输入要更改的图层名称，如图 8-46 所示。在图层旁边单击，完成图层名称的修改，如图 8-47 所示。

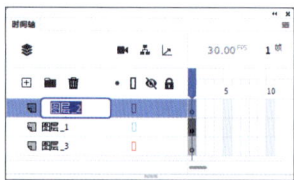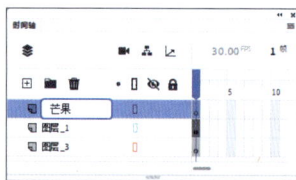

图 8-45   图 8-46   图 8-47

（2）选中要修改名称的图层，选择"修改 > 时间轴 > 图层属性"命令，在弹出的"图层属性"对话框中修改图层的名称。

8.1.3 图层文件夹

在"时间轴"面板中可以创建图层文件夹来组织和管理图层，这样"时间轴"面板中图层的层次结构将非常清晰。

1. 创建图层文件夹

选择"插入 > 时间轴 > 图层文件夹"命令，在"时间轴"面板中创建图层文件夹，如图 8-48 所示。还可单击"时间轴"面板上方的"新建文件夹"按钮 ，如图 8-49 所示，在"时间轴"面板中创建图层文件夹。

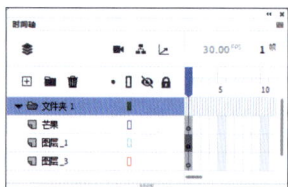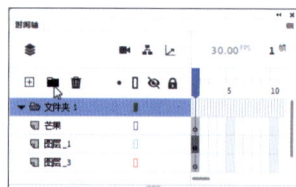

图 8-48   图 8-49

2. 删除图层文件夹

在"时间轴"面板中选中要删除的图层文件夹，单击面板上方的"删除"按钮 ，即可删除选中的图层文件夹，如图 8-50 所示。还可在"时间轴"面板中选中要删除的图层文件夹，按住鼠标左键不放并将其拖曳到"删除"按钮🗑上进行删除，如图 8-51 所示。

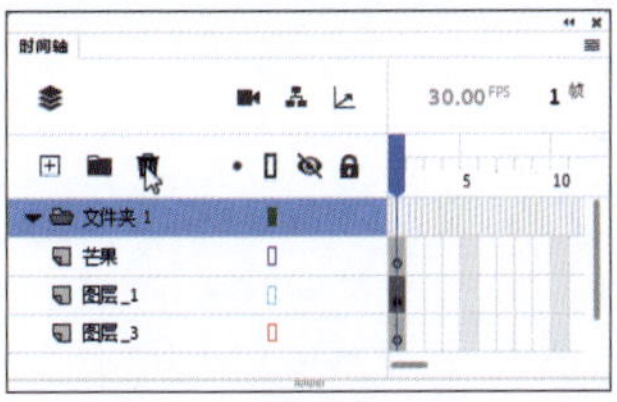

图 8-50 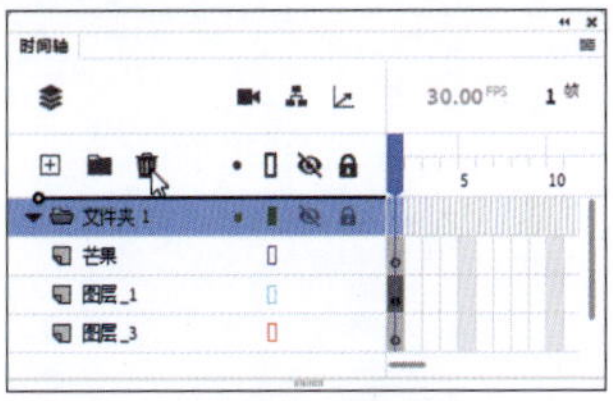   图 8-51

8.1.4　普通引导层

普通引导层主要用于为其他图层提供辅助绘图和绘图定位，引导层中的图形在播放影片时是不会显示的。

1. 创建普通引导层

用鼠标右键单击"时间轴"面板中的某个图层，在弹出的快捷菜单中选择"引导层"命令，如图 8-52 所示，该图层转换为普通引导层，此时，图层前面的图标变为🔨，如图 8-53 所示。

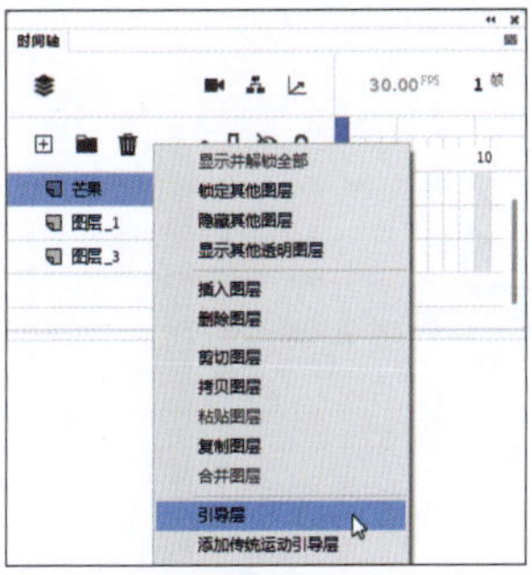

图 8-52 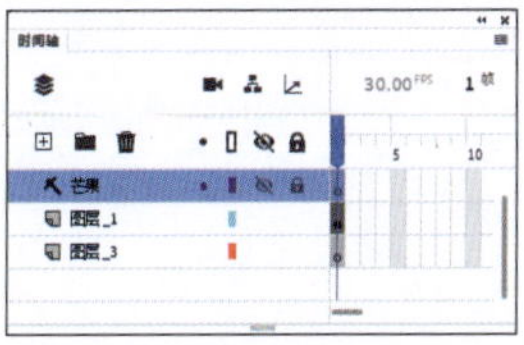   图 8-53

还可在"时间轴"面板中选中要转换的图层，选择"修改 > 时间轴 > 图层属性"命令，弹出"图层属性"对话框，在"类型"选项组中选择"引导层"单选项，如图 8-54 所示，单击"确定"按钮，选中的图层转换为普通引导层，此时，图层前面的图标变为🔨，如图 8-55 所示。

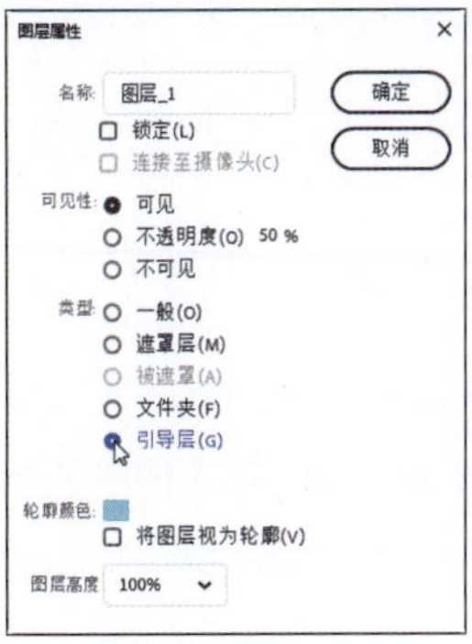

图 8-54 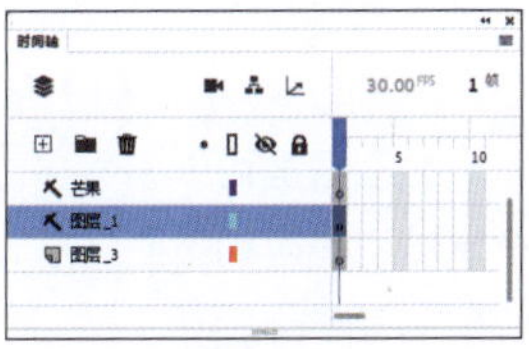   图 8-55

2. 将普通引导层转换为普通图层

如果要在播放影片时显示引导层上的对象，还可将引导层转换为普通图层。

用鼠标右键单击"时间轴"面板中的引导层，在弹出的快捷菜单中选择"引导层"命令，如图 8-56 所示，引导层转换为普通图层，此时，图层前面的图标变为 ▢，如图 8-57 所示。

图 8-56

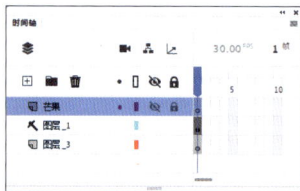

图 8-57

还可在"时间轴"面板中选中引导层，选择"修改 > 时间轴 > 图层属性"命令，弹出"图层属性"对话框，在"类型"选项组中选择"一般"单选项，如图 8-58 所示，单击"确定"按钮，选中的引导层转换为普通图层，此时，图层前面的图标变为 ▢，如图 8-59 所示。

图 8-58

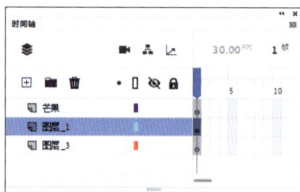

图 8-59

8.1.5 运动引导层

运动引导层的作用是设置对象运动路径的导向，使与之相链接的被引导层中的对象沿着路径运动，运动引导层上的路径在播放动画时不显示。在引导层上还可创建多个运动轨迹，以引导被引导层上的多个对象沿不同的路径运动。要创建按照任意轨迹运动的动画就需要添加运动引导层，但创建运动引导层动画时要求必须是动作补间动画，而形状补间动画、逐帧动画不可用。

1. 创建运动引导层

用鼠标右键单击"时间轴"面板中要添加引导层的图层，在弹出的菜单中选择"添加传统运动引导层"命令，如图 8-60 所示，为图层添加运动引导层，此时，在添加的引导层前面出现图标 ⌒，如图 8-61 所示。

> **提示**
>
> 　　一个引导层可以引导多个图层上的对象按运动路径运动。如果要将多个图层变成某一个运动引导层的被引导层，只需在"时间轴"面板上将要变成被引导层的图层拖曳至引导层下方即可。

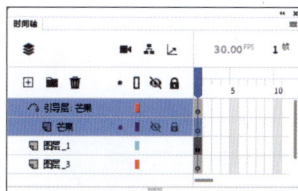

图 8-60   图 8-61

2. 将运动引导层转换为普通图层

将运动引导层转换为普通图层的方法与普通引导层转换为普通图层的方法一样，这里不再赘述。

3. 应用普通引导层制作动画

打开云盘中的"基础素材 > Ch08 > 01"文件，如图 8-62 所示。选中"底图"图层的第 50 帧，按 F5 键，插入普通帧。在"时间轴"面板中创建一个新图层并将其命名为"热气球"，如图 8-63 所示。

在"时间轴"面板中用鼠标右键单击"热气球"图层，在弹出的快捷菜单中选择"添加传统运动引导层"命令，为"热气球"图层添加运动引导层，如图 8-64 所示。选择"钢笔"工具 ✎，在引导层的舞台窗口中绘制 1 条曲线，效果如图 8-65 所示。

 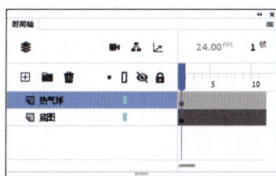 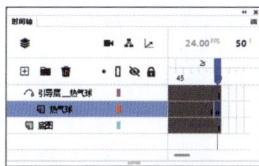 

图 8-62   图 8-63   图 8-64   图 8-65

在"时间轴"面板中选中"热气球"图层的第 1 帧，将"库"面板中的图形元件"02"拖曳到舞台窗口中，并放置在曲线的下方端点上，效果如图 8-66 所示。

选中"热气球"图层中的第 50 帧，按 F6 键，在第 50 帧上插入关键帧，如图 8-67 所示。在舞台窗口中将热气球图形拖曳到曲线的上方端点上，效果如图 8-68 所示。

图 8-66   图 8-67   图 8-68

用鼠标右键单击"热气球"图层的第 1 帧，在弹出的快捷菜单中选择"创建传统补间"命令，在"热气球"图层中，第 1 帧～第 50 帧生成动作补间动画，如图 8-69 所示。

选中"热气球"图层的第 1 帧，在"属性"面板"帧"选项卡中，勾选"补间"选项组中的"调整到路径"复选框，如图 8-70 所示。运动引导层动画制作完成。

图 8-69 | 图 8-70

在不同的帧中，动画显示的效果如图 8-71 所示。按 Ctrl+Enter 组合键，测试动画效果，在动画中，弧线将不被显示。

（a）第 1 帧　　（b）第 10 帧　　（c）第 20 帧　　（d）第 30 帧　　（e）第 40 帧　　（f）第 50 帧

图 8-71

8.1.6　分散到图层

新建空白文档，选择"文本"工具 **T**，在"图层 _1"的舞台窗口中输入文字"欣欣向荣"，效果如图 8-72 所示。选中文字，按 Ctrl+B 组合键，将文字打散，效果如图 8-73 所示。选择"修改 > 时间轴 > 分散到图层"命令，或按 Ctrl+Shift+D 组合键，将"图层 _1"中的文字分散到不同的图层中并按文字设定图层名，如图 8-74 所示。

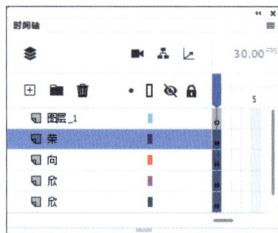

图 8-72　　　　　　　　　　　　图 8-73　　　　　　　　　　　　图 8-74

> **提示**
>
> 将文字分散到不同的图层中后，"图层 _1"中没有任何对象。

8.2　遮罩层与遮罩的动画制作

遮罩层就像一块不透明的板，如果要看到它下面的图像，只能在板上挖"洞"，而遮罩层中有对象的地方就可看成"洞"，通过这个"洞"，被遮罩的层中的对象可以显示出来。

8.2.1　课堂案例——制作化妆品主图动画

案例学习目标

使用"遮罩层"命令制作遮罩动画。

案例知识要点

使用"椭圆"工具、"矩形"工具制作形状动画；使用"创建补间形状"命令和"创建传统补间"命令制作动画效果；使用"遮罩层"命令制作遮罩动画效果，效果如图 8-75 所示。

微课视频　　　扩展案例

制作化妆品　　制作招贴
主图动画　　　广告

图 8-75

效果所在位置

云盘 /Ch08/ 效果 / 制作化妆品主图动画 .fla。

1.　制作动画 1

（1）选择"文件 > 新建"命令，弹出"新建文档"对话框，在"详细信息"选项组中，将"宽"设为 800，"高"设为 800，在"平台类型"下拉列表中选择"ActionScript 3.0"选项，单击"创建"按钮，完成文档的创建。

（2）选择"文件 > 导入 > 导入到库"命令，在弹出的"导入到库"对话框中，选择云盘中的"Ch08 > 素材 > 制作化妆品主图动画 > 01 ～ 06"文件，单击"打开"按钮，将文件导入"库"面板中，如图 8-76 所示。

（3）将"图层 _1"重命名为"底图"。将"库"面板中的位图"01"拖曳到舞台窗口中，效果如图 8-77 所示。选中"底图"图层的第 100 帧，按 F5 键，插入普通帧。

（4）在"时间轴"面板中创建一个新图层并将其命名为"水花"。将"库"面板中的位图"02"拖曳到舞台窗口中，并放置在适当的位置，效果如图 8-78 所示。保持图像的选取状态，按 F8 键，在弹出的"转换为元件"对话框中进行设置，如图 8-79 所示，单击"确定"按钮，将选取的图像转换为图形元件。

图 8-76

图 8-77

图 8-78

图 8-79

（5）选中"水花"图层的第 10 帧，按 F6 键，插入关键帧。选中"水花"图层的第 1 帧，在舞台窗口中选中"水花"实例，在图形"属性"面板"对象"选项卡中，展开"色彩效果"选项组，在"样式"下拉列表中选择"Alpha"选项，并将其值设为 0%，如图 8-80 所示，效果如图 8-81 所示。

（6）用鼠标右键单击"水花"图层的第 1 帧，在弹出的快捷菜单中选择"创建传统补间"命令，生成传统补间动画。

（7）在"时间轴"面板中创建一个新图层并将其命名为"芦荟"。将"库"面板中的位图"03"拖曳到舞台窗口中，并放置在适当的位置，效果如图 8-82 所示。保持图像的选取状态，按 F8 键，在弹出的"转换为元件"对话框中进行设置，如图 8-83 所示，单击"确定"按钮，将选取的图像转换为图形元件。

图 8-80

图 8-81

图 8-82

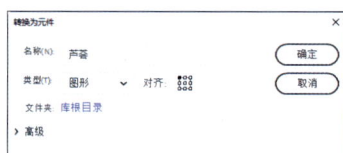
图 8-83

（8）选中"芦荟"图层的第 10 帧，按 F6 键，插入关键帧。选中"芦荟"图层的第 1 帧，在舞台窗口中选中"芦荟"实例，在图形"属性"面板"对象"选项卡中，展开"色彩效果"选项组，在"样式"下拉列表中选择"Alpha"选项，并将其值设为 0%，效果如图 8-84 所示。

（9）用鼠标右键单击"芦荟"图层的第 1 帧，在弹出的快捷菜单中选择"创建传统补间"命令，生成传统补间动画。

（10）在"时间轴"面板中创建一个新图层并将其命名为"遮罩 1"。选择"矩形"工具▢，在工具箱中将"笔触颜色"设为无，"填充颜色"设为黄色（#FFCC00），在舞台窗口中绘制 1 个矩形，效果如图 8-85 所示。

（11）选中"遮罩 1"图层的第 15 帧，按 F6 键，插入关键帧。选择"任意变形"工具⬚，在矩形周围出现控制点，选中矩形下方中间的控制点，按住 Alt 键的同时，将控制点向下拖曳到适当的位置，改变矩形的高度，效果如图 8-86 所示。

图 8-84

图 8-85

图 8-86

（12）用鼠标右键单击"遮罩 1"图层的第 1 帧，在弹出的快捷菜单中选择"创建补间形状"命令，生成形状补间动画，如图 8-87 所示。在"遮罩 1"图层上单击鼠标右键，在弹出的快捷菜单中选择"遮罩层"命令，将"遮罩 1"图层设置为遮罩层，"芦荟"图层设置为被遮罩的层，如图 8-88 所示。

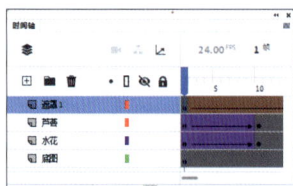
图 8-87

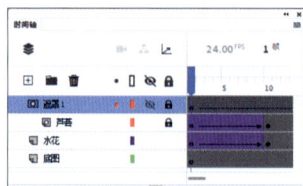
图 8-88

2. 制作动画 2

（1）在"时间轴"面板中创建一个新图层并将其命名为"化妆品 1"。选中"化妆品 1"图层的第 15 帧，按 F6 键，插入关键帧。将"库"面板中的位图"04"拖曳到舞台窗口中，并放置在适当的位置，效果如图 8-89 所示。

（2）在"时间轴"面板中创建一个新图层并将其命名为"遮罩 2"。选中"遮罩 2"图层的第 15 帧，按 F6 键，插入关键帧。选择"矩形"工具 □，在工具箱中将"笔触颜色"设为无，"填充颜色"设为黄色（#FFCC00），在舞台窗口中绘制 1 个矩形，效果如图 8-90 所示。

（3）选中"遮罩 2"图层的第 35 帧，按 F6 键，插入关键帧。选择"任意变形"工具 ⊨，在矩形周围出现控制点，选中矩形下方中间的控制点，按住 Alt 键的同时，将控制点向下拖曳到适当的位置，改变矩形的高度，效果如图 8-91 所示。

图 8-89　　　　　　　　　　　图 8-90　　　　　　　　　　　图 8-91

（4）用鼠标右键单击"遮罩 2"图层的第 15 帧，在弹出的快捷菜单中选择"创建补间形状"命令，生成形状补间动画，如图 8-92 所示。在"遮罩 2"图层上单击鼠标右键，在弹出的快捷菜单中选择"遮罩层"命令，将"遮罩 2"图层设置为遮罩层，"化妆品 1"图层设置为被遮罩的层，如图 8-93 所示。

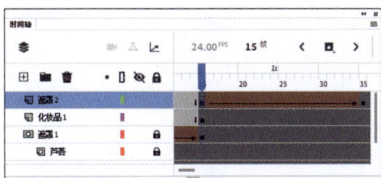
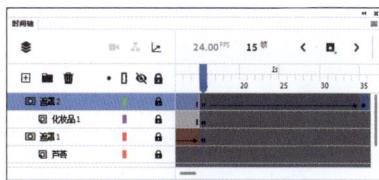

图 8-92　　　　　　　　　　　　　　　　图 8-93

（5）在"时间轴"面板中创建一个新图层并将其命名为"化妆品 2"。选中"化妆品 2"图层的第 25 帧，按 F6 键，插入关键帧。将"库"面板中的位图"05"拖曳到舞台窗口中，并放置在适当的位置，效果如图 8-94 所示。

（6）在"时间轴"面板中创建一个新图层并将其命名为"遮罩 3"。选中"遮罩 3"图层的第 25 帧，按 F6 键，插入关键帧。选择"矩形"工具 □，在工具箱中，将"笔触颜色"设为无，"填充颜色"设为黄色（#FFCC00），在舞台窗口中绘制 1 个矩形，效果如图 8-95 所示。

（7）选中"遮罩 3"图层的第 40 帧，按 F6 键，插入关键帧。选择"任意变形"工具 ⊨，在矩形周围出现控制点，选中矩形下方中间的控制点，将其向下拖曳到适当的位置，改变矩形的高度，效果如图 8-96 所示。

图 8-94　　　　　　　　　　　图 8-95　　　　　　　　　　　图 8-96

（8）用鼠标右键单击"遮罩 3"图层的第 25 帧，在弹出的菜单中选择"创建补间形状"命令，生成形状补间动画，如图 8-97 所示。在"遮罩 3"图层上单击鼠标右键，在弹出的快捷菜单中选择"遮罩层"命令，将"遮罩 3"图层设置为遮罩层，"化妆品 2"图层设置为被遮罩的层，如图 8-98 所示。

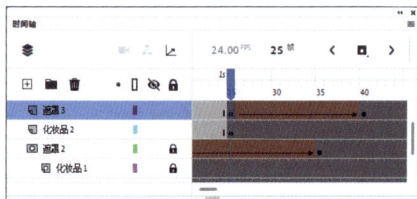

图 8-97

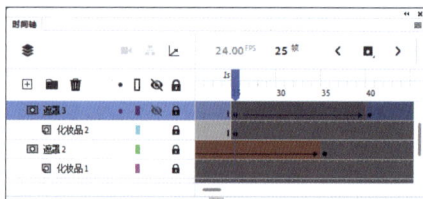

图 8-98

（9）在"时间轴"面板中创建一个新图层并将其命名为"标牌"。选中"标牌"图层的第 30 帧，按 F6 键，插入关键帧。将"库"面板中的位图"06"拖曳到舞台窗口中，并放置在适当的位置，效果如图 8-99 所示。

（10）在"时间轴"面板中创建一个新图层并将其命名为"遮罩 4"。选中"遮罩 4"图层的第 30 帧，按 F6 键，插入关键帧。选择"椭圆"工具，在工具箱中将"笔触颜色"设为无，"填充颜色"设为黄色（#FFCC00），按住 Shift 键，在舞台窗口中绘制 1 个圆形，效果如图 8-100 所示。

（11）选中"遮罩 4"图层的第 45 帧，按 F6 键，插入关键帧。选中"遮罩 4"图层的第 30 帧，按 Ctrl+T 组合键，弹出"变形"面板，将"缩放宽度"和"缩放高度"均设为 1%，如图 8-101 所示，按 Enter 键确认操作。

图 8-99

图 8-100

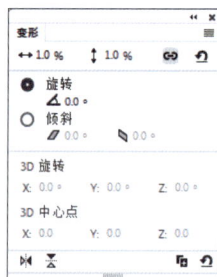

图 8-101

（12）用鼠标右键单击"遮罩 4"图层的第 30 帧，在弹出的快捷菜单中选择"创建补间形状"命令，生成形状补间动画，如图 8-102 所示。在"遮罩 4"图层上单击鼠标右键，在弹出的快捷菜单中选择"遮罩层"命令，将"遮罩 4"图层设置为遮罩层，"标牌"图层设置为被遮罩的层，如图 8-103 所示。

（13）化妆品主图动画制作完成，按 Ctrl+Enter 组合键即可查看效果，效果如图 8-104 所示。

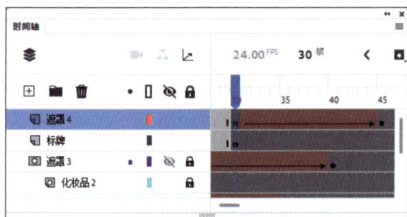

图 8-102

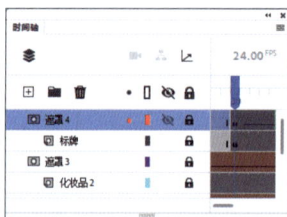

图 8-103

图 8-104

8.2.2 遮罩层

1. 创建遮罩层

要创建遮罩动画，首先要创建遮罩层。在"时间轴"面板中，用鼠标右键单击要转换为遮罩层的图层，在弹出的菜单中选择"遮罩层"命令，如图 8-105 所示。选中的图层转换为遮罩层，其下方的图层自动转换为被遮罩层，并且它们都自动被锁定，如图 8-106 所示。

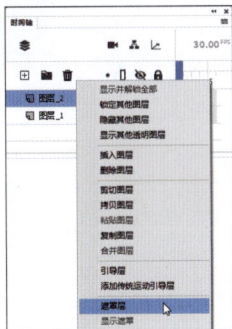
图 8-105

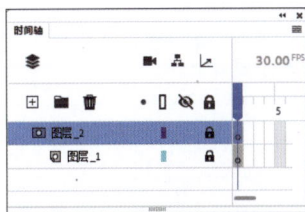
图 8-106

> **提示**
>
> 　　如果想解除遮罩，只需单击"时间轴"面板上遮罩层或被遮罩层上的图标 🔒 将其解锁。遮罩层中的对象可以是图形、文字、元件的实例等，但不显示位图、渐变色、透明色和线条。一个遮罩层可以作为多个图层的遮罩层，如果要将一个普通图层变为某个遮罩层的被遮罩层，只需将此图层拖曳至遮罩层下方。

2. 将遮罩层转换为普通图层

在"时间轴"面板中，用鼠标右键单击要转换的遮罩层，在弹出的菜单中选择"遮罩层"命令，如图 8-107 所示，即可将遮罩层转换为普通图层，如图 8-108 所示。

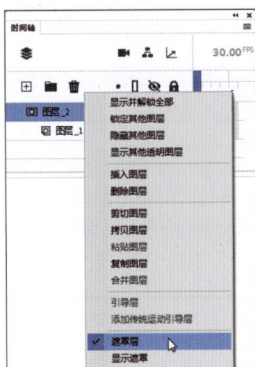
图 8-107

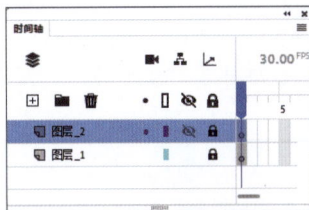
图 8-108

8.2.3 静态遮罩动画

打开云盘中的"基础素材 > Ch08 > 02"文件，如图 8-109 所示。在"时间轴"面板上方单击"新建图层"按钮 ⊞，创建一个新的图层"图层_3"，如图 8-110 所示。将"库"面板中的图形元件"02"拖曳到舞台窗口中的适当位置，效果如图 8-111 所示。在"时间轴"面板中，用鼠标右键单击"图层3"，在弹出的菜单中选择"遮罩层"命令，如图 8-112 所示。

"图层 _3"转换为遮罩层，"图层 _1"转换为被遮罩层，两个图层被自动锁定，如图 8-113 所示。舞台窗口中图形的遮罩效果如图 8-114 所示。

图 8-109

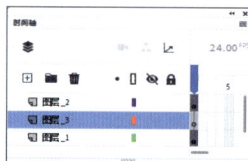

图 8-110

图 8-111

图 8-112

图 8-113

图 8-114

8.2.4　动态遮罩动画

打开云盘中的"基础素材 > Ch08 > 03"文件，如图 8-115 所示。在"时间轴"面板上方单击"新建图层"按钮 ⊞，创建一个新的图层并将其命名为"剪影"，如图 8-116 所示。

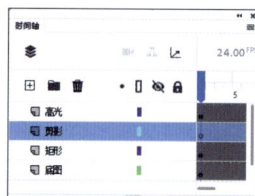

图 8-115

图 8-116

将"库"面板中的图形元件"剪影"拖曳到舞台窗口中的适当位置，效果如图 8-117 所示。选中"剪影"图层的第 10 帧，按 F6 键，插入关键帧。在舞台窗口中将"剪影"实例水平向左拖曳到适当的位置，效果如图 8-118 所示。

用鼠标右键单击"剪影"图层的第 1 帧，在弹出的快捷菜单中选择"创建传统补间"命令，生成传统补间动画，如图 8-119 所示。

图 8-117

图 8-118

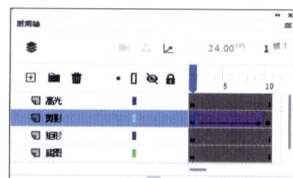

图 8-119

用鼠标右键单击"剪影"图层的名称，在弹出的菜单中选择"遮罩层"命令，如图 8-120 所示，"剪影"图层转换为遮罩层，"矩形"图层转换为被遮罩层，如图 8-121 所示。动态遮罩动画制作完成，按 Ctrl+Enter 组合键测试动画效果。

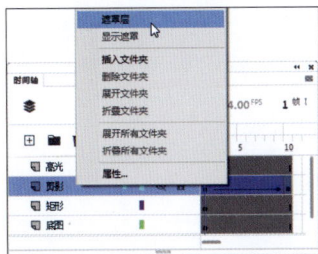

图 8-120

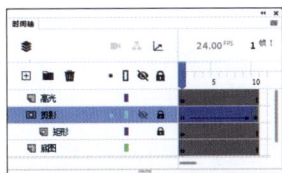

图 8-121

在不同的帧中，动画显示的效果如图 8-122 所示。

（a）第 1 帧　　　　（b）第 3 帧　　　　（c）第 5 帧　　　　（d）第 7 帧　　　　（e）第 10 帧

图 8-122

8.3 场景动画

场景是影视制作中的术语，但在 Animate 2020 中其含义有了新变化，它很像影视作品的一个镜头，将主要对象没有改变的一段动画制成一个场景。一般制作复杂动画时会使用场景，这样便于分工协作和修改。

8.3.1 创建场景

选择"窗口 > 场景"命令，或按 Shift+F2 组合键，弹出"场景"面板，如图 8-123 所示。单击"添加场景"按钮，创建新的场景，如图 8-124 所示。如果需要复制场景，可以选中要复制的场景，单击"重制场景"按钮，即可进行复制，如图 8-125 所示。

还可选择"插入 > 场景"命令，创建新的场景。

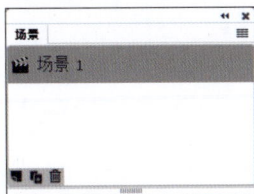

图 8-123

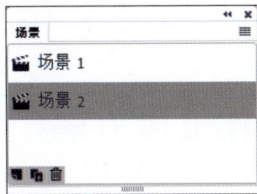

图 8-124

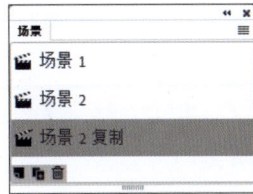

图 8-125

8.3.2 选择当前场景

在制作多场景动画时常需要修改某场景中的动画，此时应该将该场景设置为当前场景。

单击舞台窗口上方的"场景 1"右侧的图标 ，在弹出的下拉列表中选择要编辑的场景，如图 8-126 所示。

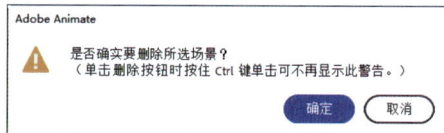

图 8-126

8.3.3　调整场景动画的播放次序

在制作多场景动画时常需要设置各个场景动画播放的先后顺序。

选择"窗口 > 场景"命令，弹出"场景"面板。在面板中选中要改变顺序的"场景 3"，如图 8-127 所示，将其拖曳到"场景 2"的上方，并在"场景 2"上方出现一条带圆环头的蓝线，其所在位置表示"场景 3"移动后的位置，如图 8-128 所示。松开鼠标，"场景 3"移动到"场景 2"的上方，这就表示在播放场景动画时，"场景 3"中的动画要先于"场景 2"中的动画播放，如图 8-129 所示。

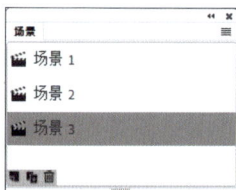　　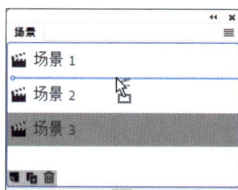　　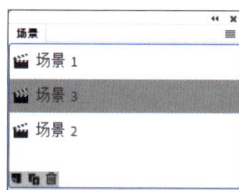

图 8-127　　　　　　　　　　　图 8-128　　　　　　　　　　　图 8-129

8.3.4　删除场景

在制作动画的过程中，没有用的场景可以删除。

选择"窗口 > 场景"命令，弹出"场景"面板。选中要删除的场景，单击"删除场景"按钮
🗑，如图 8-130 所示，弹出提示对话框，单击"确定"按钮，如图 8-131 所示，所选场景被删除。

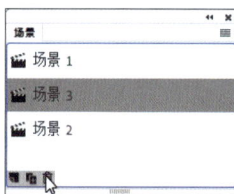

图 8-130　　　　　　　　　　　　　　　　　　　　图 8-131

课堂练习——制作电压力锅广告

🔗 练习知识要点

使用"椭圆"工具绘制椭圆形；使用"创建补间形状"命令和"创建传统补间"命令制作动画效果；使用"遮罩层"命令制作遮罩动画效果，效果如图 8-132 所示。

图 8-132

效果所在位置

云盘 /Ch08/ 效果 / 制作电压力锅广告 .fla。

课后习题——制作飘落的树叶

习题知识要点

使用"钢笔"工具绘制线条并添加运动引导层；使用"创建传统补间"命令制作出飘落的树叶效果，效果如图 8-133 所示。

图 8-133

效果所在位置

云盘 /Ch08/ 效果 / 制作飘落的树叶 .fla。

09

第 9 章
声音素材的编辑

本章介绍

在 Animate 2020 中可以导入外部的声音素材作为动画的背景乐或音效。本章将主要介绍声音素材的多种格式，以及导入声音和编辑声音的方法。读者通过学习可以了解并掌握导入声音和编辑声音的方法，使制作的动画更加生动。

学习目标

- 掌握导入和编辑声音素材的方法和技巧
- 掌握音频的基本知识
- 了解声音素材的几种常用格式
- 掌握压缩声音的几种方法

素质目标

- 培养对音乐、声音效果和声音情感感知能力
- 培养借助互联网获取有效信息的能力
- 培养借助团队或他人有效获取信息的能力

9.1 声音素材的导入与编辑

在 Animate 2020 中导入声音素材后，可以将其直接应用到动画作品中。

9.1.1 课堂案例——添加图片按钮音效

案例学习目标

使用"导入"命令导入声音文件，并为多个按钮添加音效。

案例知识要点

使用"导入"命令导入声音文件为多个按钮添加声音；使用"对齐"面板将按钮对齐，效果如图 9-1 所示。

图 9-1

效果所在位置

光盘 /Ch09/ 效果 / 添加图片按钮音效 .fla。

1. 导入素材并编辑元件

（1）选择"文件 > 打开"命令，在弹出的"打开"对话框中，选择云盘中的"Ch09 > 素材 > 9.1.1- 添加图片按钮音效 > 01"文件，单击"打开"按钮，将其打开，如图 9-2 所示。

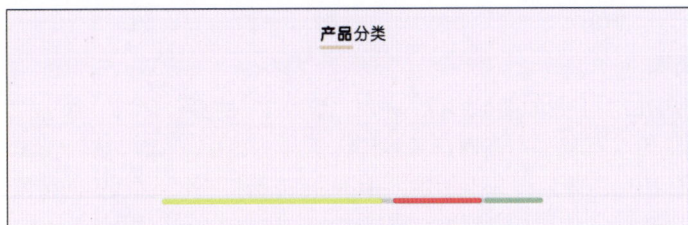

图 9-2

（2）选择"文件 > 导入 > 导入到库"命令，在弹出的"导入到库"对话框中，选择云盘中的"Ch09 > 素材 > 9.1.1- 添加图片按钮音效 > 02"文件，如图 9-3 所示，单击"打开"按钮，声音文件被导入"库"面板中，如图 9-4 所示。

（3）双击"库"面板中按钮元件"按钮 1"前面的图标 🖰，舞台转换为"按钮 1"元件的舞台窗口，如图 9-5 所示。单击"时间轴"面板上方的"新建图层"按钮 ⊞，创建一个新图层并将其命名为"音乐"，如图 9-6 所示。

图 9-3

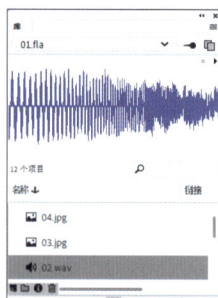

图 9-4

图 9-5

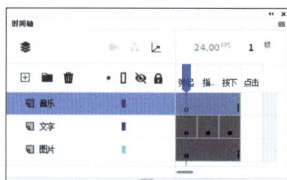

图 9-6

（4）选中"音乐"图层的"指针经过"帧，按 F6 键，插入关键帧。将"库"面板中的声音文件"02"拖曳到舞台窗口中，在"指针经过"帧中出现声音文件的波形，这表示当动画开始播放后，鼠标指针经过按钮时，按钮将响应音效，"时间轴"面板如图 9-7 所示。选中"音乐"图层的"按下"帧，按 F7 键，插入空白关键帧，如图 9-8 所示。用相同的方法分别给按钮元件"按钮 2""按钮 3""按钮 4""按钮 5"添加音效。

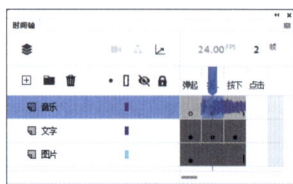

图 9-7

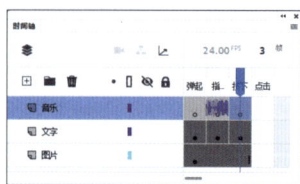

图 9-8

2. 制作动画效果

（1）单击舞台窗口左上方的图标 ← ，进入"场景 1"的舞台窗口。单击"时间轴"面板上方的"新建图层"按钮 ⊞ ，创建一个新图层并将其命名为"按钮"。将"库"面板中的按钮元件"按钮 1"拖曳到舞台窗口中，效果如图 9-9 所示。用相同的方法将"库"面板中的按钮元件"按钮 2""按钮 3""按钮 4""按钮 5"依次拖曳到舞台窗口中，效果如图 9-10 所示。

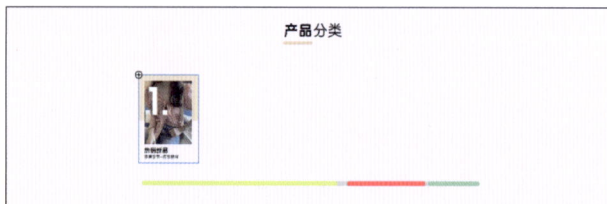

图 9-9

图 9-10

（2）在"时间轴"面板中单击"按钮"图层，将该层中的对象全部选中，如图 9-11 所示。按 Ctrl+K 组合键，弹出"对齐"面板，单击"顶对齐"按钮 ▉，将选中的按钮实例顶对齐，效果如图 9-12 所示；单击"水平居中分布"按钮 ▐▐ ，将选中的按钮实例水平居中分布，效果如图 9-13 所示。

图 9-11

图 9-12

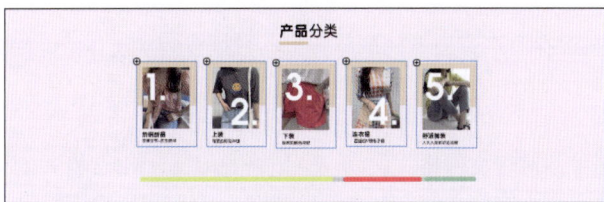

图 9-13

（3）选择"选择"工具 ▶ ，按住 Shift 键的同时，在舞台窗口中选中需要的按钮实例，如 图 9-14 所示，按向下方向键，将其向下移动到适当的位置，效果如图 9-15 所示。为图片按钮添加 音效制作完成，按 Ctrl+Enter 组合键即可查看效果。

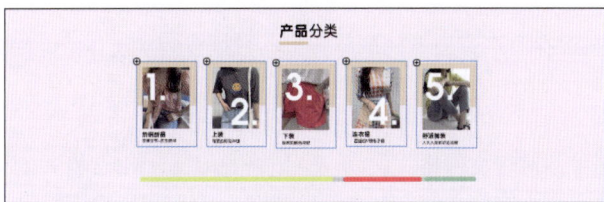

图 9-14

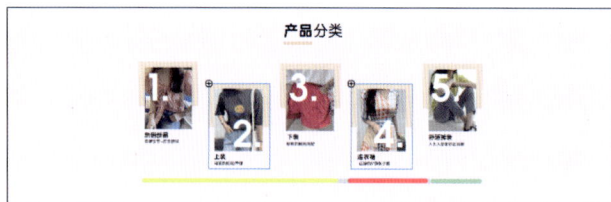

图 9-15

9.1.2　音频的基本知识

1. 取样率

取样率是指在进行数字录音时，单位时间内对模拟的音频信号提取样本的次数。取样率越高，声音质量越好。Animate 2020 经常使用 44kHz、22kHz 或 11kHz 的取样率对声音进行取样。例如，使用 22kHz 取样率取样的声音，每秒要对声音进行 22000 次分析，并记录每两次分析之间的差值。

2. 位分辨率

位分辨率是指描述每个音频取样点的比特位数。例如，（8）位分辨率的声音取样表示 2 的 8 次方或 256 级。用户可以将较高位分辨率的声音转换为较低位分辨率的声音。

3. 压缩率

压缩率是指文件压缩前后大小的比率，用于描述数字声音的压缩效率。

9.1.3　声音素材的格式

Animate 2020 提供了许多声音文件，它们可以使声音独立于时间轴连续播放，或使动画和一个音轨同步播放。可以向按钮添加声音，使按钮具有更强的互动性，还可以通过声音淡入淡出产生更优美的声音效果。下面介绍可导入 Animate 2020 中的常见的声音文件格式。

1. WAV 格式

WAV 格式可以直接保存对声音波形的取样数据，数据没有经过压缩，所以音质较好，但 WAV 格式的声音文件通常比较大，会占用较多的磁盘空间。

2. MP3 格式

MP3 格式是一种压缩的声音文件格式。同 WAV 格式相比，MP3 格式的文件大小只有 WAV 格式的 1/10。其优点为体积小、传输方便、声音质量较好，已经被广泛应用到电脑音乐中。

3. AIFF 格式

AIFF 格式支持 MAC 平台，支持 16 位 44kHz 立体声。只有系统上安装了 QuickTime 4 或更高版本，才可使用此声音文件格式。

9.1.4　导入声音素材并添加声音

Animate 2020 在库中保存声音以及位图和组件。与图形组件一样，只需要一个声音文件的副本就可在文档中以各种方式使用这个声音文件。

（1）为动画添加声音，打开云盘中的"基础素材 > Ch09 > 01"文件，如图 9-16 所示。选择"文件 > 导入 > 导入到库"命令，在"导入到库"对话框中，选择云盘中的"基础素材 > Ch09 > 02"文件，单击"打开"按钮，将声音文件导入"库"面板中，如图 9-17 所示。

（2）选中"底图"图层的第 25 帧，按 F5 键，插入普通帧，如图 9-18 所示。单击"时间轴"面板上方的"新建图层"按钮，创建一个新图层并将其命名为"音乐"，如图 9-19 所示。

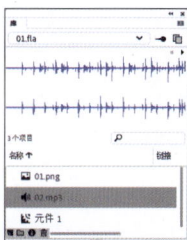

| 图 9-16 | 图 9-17 | 图 9-18 | 图 9-19 |

（3）在"库"面板中选中声音文件，按住鼠标左键不放，将其拖曳到舞台窗口中，效果如图 9-20 所示。松开鼠标，在"音乐"图层中出现声音文件的波形，如图 9-21 所示。声音添加完成，按 Ctrl+Enter 组合键，测试添加效果。

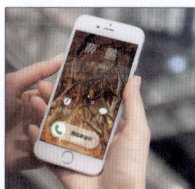

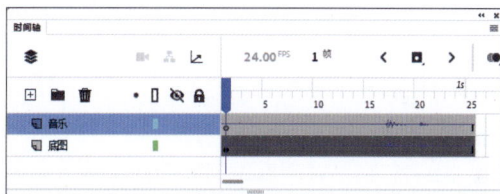

| 图 9-20 | 图 9-21 |

> **提示**
>
> 一般情况下，将每个声音放在一个独立的层上，每个层都作为一个独立的声音通道。当播放动画文件时，所有层上的声音将混合在一起。

9.2 声音素材的编辑

9.2.1 "属性"面板

在"时间轴"面板中选中声音文件所在图层的第 1 帧，按 Ctrl+F3 组合键，弹出帧"属性"面板，如图 9-22 所示。

● "名称"下拉列表：可以在此下拉列表中选择"库"面板中的声音文件。
● "效果"下拉列表：可以在此下拉列表中选择声音播放的效果，如图 9-23 所示。

"无"选项：不对声音文件应用效果。选择此选项后可以删除以前应用于声音的效果。

"左声道"选项：选择此选择，声音只在左声道播放。

"右声道"选项：选择此选择，声音只在右声道播放。

"向右淡出"选项：选择此选项，声音从左声道渐变到右声道。

"向左淡出"选项：选择此选项，声音从右声道渐变到左声道。

"淡入"选项：选择此选项，在声音的持续时间内逐渐增加其音量。

"淡出"选项：选择此选项，在声音的持续时间内逐渐减小其音量。

"自定义"选项：选择此选项，弹出"编辑封套"对话框，通过自定义声音的淡入点和淡出点来创建自己的声音效果。

- "编辑声音封套"按钮 🔊：单击此按钮，弹出"编辑封套"对话框，通过自定义声音的淡入点和淡出点来创建自己的声音效果。
- "同步"下拉列表：此下拉列表用于选择何时播放声音，如图9-24所示。其中各选项的含义如下。

图9-22

图9-23

图9-24

"事件"选项：将声音和发生的事件同步播放。事件声音在它的起始关键帧开始显示时播放，并独立于时间轴播放完整个声音，即使影片文件停止也继续播放。当播放发布的 SWF 影片文件时，事件声音混合在一起。一般情况下，当用户单击一个按钮播放声音时选择事件声音。如果事件声音正在播放，而声音再次被实例化（如用户再次单击按钮），则第一个声音实例继续播放，另一个声音实例也同时开始播放。

"开始"选项：与"事件"选项的功能相近，但如果所选择的声音实例已经在时间轴的其他地方播放，则不会播放新的声音实例。

"停止"选项：使指定的声音静音。在时间轴上同时播放多个声音时，可指定其中一个为静音。

"数据流"选项：使声音同步，以便在 Web 站点上播放。Animate 强制动画和音频流同步。换句话说，音频流随动画的播放而播放，随动画的结束而结束。当发布 SWF 文件时，音频流混合在一起。一般给帧添加声音时使用此选项。音频流声音的播放长度不会超过制作动画的帧的长度。

> **提示**
>
> 在 Animate 中有两种类型的声音：事件声音和音频流。事件声音必须完全下载后才能开始播放，除非明确停止，否则它将一直连续播放。音频流在前几帧下载了足够的资料后就开始播放，音频流可以和时间轴同步，以便在 Web 站点上播放。

- "声音循环"下拉列表：……

"重复"选项：用于指定声音循环的次数。可以在该选项的数值框中设置循环次数，如图 9-25 所示。

"循环"选项：用于循环播放声音。一般情况下，不循环播放音频流。如果将音频流设为循环播放，帧就会添加到文件中，文件的大小就会根据声音循环播放的次数而倍增。

9.2.2　压缩声音素材

由于网络速度的限制，制作动画时必须考虑其文件的大小。而带有声音的动画由于声音本身也要占空间，往往文件较大，动画文件在网上

图9-25

的传输就会受到影响。为了解决这个问题，Animate 2020 提供了声音压缩功能，让动画制作者可以根据需要决定声音压缩率，以达到用户所需的动画文件大小。

如果动画制作采用较高的声音压缩和较低的声音采样率，那么得到的声音文件会非常小，但这就要牺牲声音的效果。一旦动画要在网上发布，首先考虑的是传输速度，要将压缩率放到首位，但同时也要考虑动画的声音效果。所以并不是压缩率越大越好，要根据需要反复试验，找出合适的压缩率，以实现最大的效果速度比。

设置声音的压缩有两种方法。

（1）为单个声音选择压缩设置。用鼠标右键单击"库"面板中要压缩的声音文件，在弹出的菜单中选择"属性"命令，弹出"声音属性"对话框，根据需要设定"压缩"选项即可，如图 9-26 所示。

（2）为事件声音或音频流选择全局压缩设置。选择"文件 > 发布设置"命令，在弹出的"发布设置"对话框中为事件声音或音频流选择全局压缩设置，这些全局设置会应用于单个事件声音或所有的音频流，如图 9-27 所示。

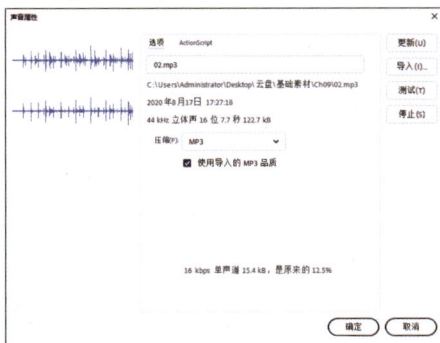

图 9-26

图 9-27

双击"库"面板中的声音文件，弹出"声音属性"对话框，在对话框右侧有多个按钮。

● "更新"按钮 更新(U) ：声音文件导入以后，Animate 2020 会在影片文件内部创建该声音的副本。如果外部的声音文件被修改编辑过，则可以单击此按钮，来更新影片文件内部的声音副本。

● "导入"按钮 导入(I) ：单击此按钮，弹出"导入声音"对话框，可以导入新的声音文件代替原有的声音文件，并将原有声音的所有实例改为新导入的声音文件。

● "测试"按钮 测试(T) ：单击此按钮，可以测试导入的声音效果。

● "停止"按钮 停止(S) ：单击此按钮，可以在任意点暂停播放声音。

对话框下方的"压缩"下拉列表可以控制导出的 SWF 文件中的声音品质和大小。"压缩"下拉列表中各选项的功能如下。

（1）"默认"选项：选择此选项，使用默认的设置压缩声音。当导出 SWF 文件时，使用"发布设置"对话框中的全局压缩设置。

（2）"ADPCM"选项：用于设置 8 位或 16 位声音资料的压缩设置。这种压缩方式适用于简短的声音事件，如按钮声音。

> 提示
>
> 如果一个声音的录制是 22 kHz 单声道，即使把取样速度改为 44 kHz，音质改为立体声，Flash 仍然按照 22 kHz 单声道输出声音。

（3）"MP3"选项：用 MP3 压缩格式导出声音。一般情况下，当导出像乐曲这样较长的音频流时，使用此选项。这种压缩方式可以使文件减小为原有文件大小的 1/10。此压缩方式最好用于非循环声音。若选择 MP3 压缩，还需要设置下述相关的选项，如图 9-28 所示。

"预处理"选项：勾选此复选框可以将立体声转换为单声道。使用这种方法可将声音的文件大小减小一半。单声道声音不受此选项影响。（此选项在"比特率"选项小于或等于 16kbps 时为不可用。）

"比特率"选项：用于设置导出的声音文件中每秒播放的位数。其数值越大，声音的容量和质量也越高。Animate 2020 支持 8 kbps ~ 160 kbps CBR（恒定比特率），要获得最佳的声音效果需将比特率设为 16 kbps 或更高。

"品质"选项：用于设置压缩速度和声音品质。

（4）"Raw"选项：这种压缩格式不是真正的压缩，它可以将立体声转换为单声道，并允许导出声音时用新的采样率进行再采样。例如，原来导入的是 44 kHz 的声音文件，可以将其转换为 11 kHz 的文件导出，但并不进行压缩。若选择 Raw 压缩，还需要设置相关的选项，如图 9-29 所示。

（5）"语音"选项：用一个特别适合于语音的压缩方式导出声音。若选择语音压缩，还需要设置"采样率"选项来控制声音的保真度和文件大小，如图 9-30 所示。

图 9-28

图 9-29

图 9-30

课堂练习——制作横版汽车海报

🔗 练习知识要点

使用"导入"命令导入素材制作图形元件；使用"创建传统补间"命令制作文字和汽车动画；使用"属性"面板调整实例的不透明度；使用"导入"命令添加声音，效果如图 9-31 所示。

微课视频

制作横版
汽车海报

图 9-31

◎ 效果所在位置

云盘 /Ch09/ 效果 / 制作横版汽车海报 .fla。

课后习题——制作中秋节海报

习题知识要点

使用"导入"命令导入素材制作元件；使用"创建传统补间"命令制作补间动画效果；使用"导入"命令添加声音，效果如图 9-32 所示。

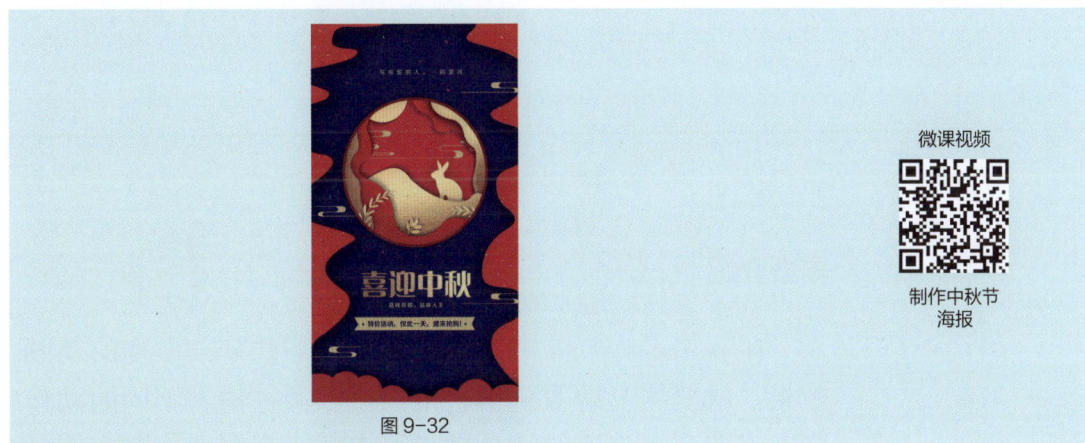

图 9-32

微课视频

制作中秋节
海报

效果所在位置

云盘 /Ch09/ 效果 / 制作中秋节庆海报 .fla。

10

第 10 章
动作脚本的应用

本章介绍

  在 Animate 2020 中，如果要实现一些复杂多变的动画效果，就要涉及动作脚本，用户可以通过输入不同的动作脚本来实现高难度的动画效果。本章将介绍动作脚本的基本术语和使用方法。读者应学会应用不同的动作脚本来实现千变万化的动画效果。

学习目标

- 了解数据类型
- 掌握语法规则
- 掌握变量和函数
- 掌握表达式和运算符

素质目标

- 培养能够思考问题、分析需求，并提出解决方法的能力
- 培养能够履行职责，对自己和团队服务的责任意识
- 培养能够不断改进学习方法的自主学习能力

10.1 动作脚本的使用

动作脚本可以将变量、函数、属性和方法组成一个整体，控制对象产生各种动画效果。"动作"面板可以用于组织动作脚本，用户可以从动作列表中选择语句，也可自行编辑语句。

10.1.1 课堂案例——制作系统时钟

案例学习目标

使用"动作"面板为图形添加脚本语言。

案例知识要点

使用影片剪辑、"动作"面板来完成动画效果的制作，效果如图 10-1 所示。

微课视频　　　扩展案例

制作系统时钟　　制作鼠标特效

图 10-1

效果所在位置

云盘 /Ch10/ 效果 / 制作系统时钟 .fla。

1. 导入素材创建元件

（1）选择"文件 > 新建"命令，弹出"新建文档"对话框，在"详细信息"选项组中，将"宽"设为 1181，"高"设为 1181，在"平台类型"下拉列表中选择"ActionScript 3.0"选项，单击"创建"按钮，完成文档的创建。

（2）选择"文件 > 导入 > 导入到库"命令，在弹出的"导入到库"对话框中，选择云盘中的"Ch10 > 素材 > 制作系统时钟 > 01 ～ 05"文件，单击"打开"按钮，文件被导入"库"面板中，如图 10-2 所示。

（3）按 Ctrl+F8 组合键，弹出"创建新元件"对话框，在"名称"文本框中输入"时针"，在"类型"下拉列表中选择"影片剪辑"选项，单击"确定"按钮，新建影片剪辑元件"时针"，如图 10-3 所示，舞台窗口也随之转换为影片剪辑元件的舞台窗口。将"库"面板中的位图"02"拖曳到舞台窗口中，并放置在适当的位置，效果如图 10-4 所示。

（4）在"库"面板中新建一个影片剪辑元件"分针"，舞台窗口也随之转换为影片剪辑元件的舞台窗口。将"库"面板中的位图"03"拖曳到舞台窗口中，并放置在适当的位置，效果如图 10-5 所示。

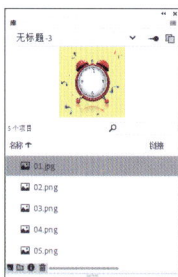
图 10-2

图 10-3

图 10-4

（5）在"库"面板中新建一个影片剪辑元件"秒针"，如图 10-6 所示，舞台窗口也随之转换为影片剪辑元件的舞台窗口。将"库"面板中的位图"04"拖曳到舞台窗口中，并放置在适当的位置，效果如图 10-7 所示。

图 10-5

图 10-6

图 10-7

2. 确定指针位置

（1）单击舞台窗口左上方的图标 ← ，进入"场景 1"的舞台窗口。将"图层_1"重新命名为"底图"。将"库"面板中的位图"01"拖曳到舞台窗口的中心位置，效果如图 10-8 所示。

（2）在"时间轴"面板中创建一个新图层并将其命名为"时针"。将"库"面板中的影片剪辑元件"时针"拖曳到舞台窗口中，并放置在适当的位置，效果如图 10-9 所示。保持实例的选取状态，在"属性"面板"对象"选项卡的"实例名称"文本框中输入"hour_mc"，如图 10-10 所示。

图 10-8

图 10-9

图 10-10

（3）在"时间轴"面板中创建一个新图层并将其命名为"分针"。将"库"面板中的影片剪辑元件"分针"拖曳到舞台窗口中，并放置在适当的位置，效果如图 10-11 所示。保持实例的选取状态，在"属性"面板"对象"选项卡的"实例名称"文本框中输入"minute_mc"，如图 10-12 所示。

图 10-11

图 10-12

（4）在"时间轴"面板中创建一个新图层并将其命名为"秒针"。将"库"面板中的影片剪辑元件"秒针"拖曳到舞台窗口中，并放置在适当的位置，效果如图 10-13 所示。保持实例的选取状态，在"属性"面板"对象"选项卡的"实例名称"文本框中输入"second_mc"，如图 10-14 所示。

（5）在"时间轴"面板中创建一个新图层并将其命名为"装饰"。将"库"面板中的位图"05"拖曳到舞台窗口中，并放置在适当的位置，效果如图 10-15 所示。

图 10-13 　　　　　　　　　　　图 10-14 　　　　　　　　　　　图 10-15

（6）在"时间轴"面板中创建一个新图层并将其命名为"动作脚本"。选中"动作脚本"图层的第 1 帧，按 F9 键，弹出"动作"面板，在"动作"面板中设置脚本语言，脚本窗口中显示的内容如图 10-16 所示。系统时钟制作完成，按 Ctrl+Enter 组合键即可查看效果，效果如图 10-17 所示。

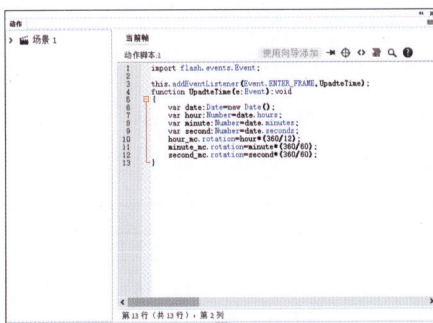

图 10-16 　　　　　　　　　　　　　　　　　　图 10-17

10.1.2 　"动作"面板的使用

选择"窗口 > 动作"命令，或按 F9 键，弹出"动作"面板，如图 10-18 所示。
工具栏中有在创建代码时常用的一些工具，如图 10-19 所示。

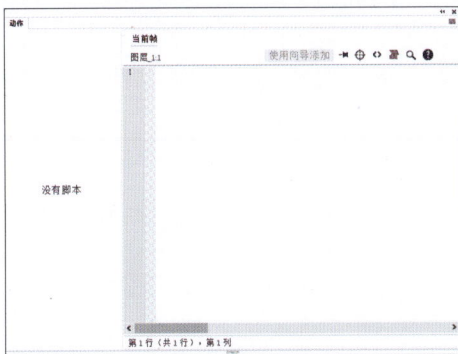

图 10-18 　　　　　　　　　　　　　　　　　　图 10-19

"固定脚本"按钮 ：用于固定脚本。

"插入实例路径和名称"按钮⊕：可以插入实例的路径或者实例的名称。

"代码片断"按钮↔：单击该按钮，弹出"代码片断"对话框，在该对话框中可以选择常用的动作脚本语言。

"设置代码格式"按钮▤：用于设置书写代码时的格式。

"查找"按钮🔍：可以查找或替换脚本语言。

"帮助"按钮❶：可以打开"帮助"页面。

脚本窗口：该区域主要用来编辑 ActionScript 脚本，此外也可以创建导入应用程序的外部脚本文件。如果要在 animate 文件中添加脚本，则打开"动作"面板，在脚本窗口中直接输入代码或单击"代码片断"按钮↔，在弹出的"代码片断"对话框中选择脚本语言即可。

10.2 数据类型

数据类型描述了动作脚本的变量或元素可以包含信息的种类。动作脚本有两种数据类型：原始数据类型和引用数据类型。原始数据类型是指 string（字符串）、number（数字型）和 boolean（布尔型），它们拥有固定类型的值，因此可以包含它们所代表元素的实际值。引用数据类型是指影片剪辑和对象，它们的值类型是不固定的，因此它们包含对元素实际值的引用。

下面将介绍各种数据类型。

（1）string（字符串）。字符串是诸如字母、数字和标点符号等字符的序列。字符串必须用一对双引号标记。字符串被当作字符而不是变量进行处理。

例如，在下面的语句中，"L7" 是一个字符串。

```
favoriteBand = "L7";
```

（2）number（数字型）。数字型是指数字的算术值。进行正确数学运算的值必须是数字数据类型。可以使用算术运算符加（+）、减（−）、乘（*）、除（/）、求模（%）、递增（++）和递减（−−）来处理数字，也可以使用内置的 Math 对象的方法处理数字。

例如，使用 sqrt()（平方根）方法返回数字 100 的平方根。

```
Math.sqrt(100);
```

（3）boolean（布尔型）。值为 true 或 false 的变量被称为布尔型变量。动作脚本也会在需要时将值 true 和 false 转换为 1 和 0。在确定"是 / 否"的情况下，布尔型变量是非常有用的。布尔型变量在进行比较以控制脚本流的动作脚本语句中经常与逻辑运算符一起使用。

例如，在下面的脚本中，如果变量 password 为 true，则会播放该 SWF 文件。

```
var password:boolean = true
fuction onClipEvent (e:Event) {
  password = true
    play( );
  }
```

（4）Movie Clip（影片剪辑型）。影片剪辑型是 Animate 影片中可以播放动画的元件。它们是唯一引用图形元素的数据类型。Animate 中的每个影片剪辑都是一个 Movie Clip 对象，它们拥有 Movie Clip 对象中定义的方法和属性。通过点（.）运算符可以调用影片剪辑内部的属性和方法。

例如下面的脚本。

```
my_mc.startDrag(true);
```

```
parent_mc.getURL("http://www.macromedia.com/support/" + product);
```

（5）object（对象型）。对象型是指所有使用动作脚本创建的基于对象的代码。对象是属性的集合，每个属性都拥有自己的名称和值，属性的值可以是任何的 Animate 数据类型，甚至可以是对象数据类型。通过点运算符可以引用对象中的属性。

例如，在下面的代码中，hoursWorked 是 weeklyStats 的属性，而后者是 employee 的属性。

```
employee.weeklyStats.hoursWorked;
```

（6）null（空值）。空值数据类型只有一个值，即 null。这意味着没有值，即缺少数据。null可以用在各种情况中，如作为函数的返回值、表明函数没有可以返回的值、表明变量还没有接收到值、表明变量不再包含值等。

（7）undefined（未定义）。未定义的数据类型只有一个值，即 undefined，用于尚未分配值的变量。如果一个函数引用了未在其他地方定义的变量，那么 Animate 将返回未定义数据类型。

10.3 语法规则

动作脚本拥有自己的一套语法规则和标点符号。下面将介绍相关内容。

（1）点运算符。

在动作脚本中，点（.）用于表示与对象或影片剪辑相关联的属性或方法，也可用于表示影片剪辑或变量的目标路径。点运算符表达式以影片或对象的名称开始，中间为点运算符，最后是要指定的元素。

例如，_x 影片剪辑属性指示影片剪辑在舞台上的 x 轴坐标。表达式 ballMC._x 引用影片剪辑实例 ballMC 的 _x 属性。

又例如，submit 是 form 影片剪辑中设置的变量，此影片剪辑嵌在影片剪辑 shoppingCart 中。表达式 shoppingCart.form.submit = true 将实例 form 的 submit 变量设置为 true。

无论是表达对象的方法还是影片剪辑的方法，均遵循同样的模式。例如，ball_mc 影片剪辑实例的 play( ) 方法在 ball_mc 的时间轴中移动播放头，用下面的语句表示。

```
ball_mc.play( );
```

点语法还使用两个特殊别名：_root 和 _parent。别名 _root 是指主时间轴，可以使用 _root别名创建一个绝对目标路径。例如，下面的语句调用主时间轴上影片剪辑 functions 中的函数 buildGameBoard( )。

```
_root.functions.buildGameBoard( );
```

可以使用别名 _parent 引用当前对象嵌入的影片剪辑，也可使用 _parent 创建相对目标路径。例如，如果影片剪辑 dog_mc 嵌入影片剪辑 animal_mc 的内部，则实例 dog_mc 的如下语句会指示 animal_mc 停止。

```
_parent.stop( );
```

（2）界定符。

花括号：动作脚本中的语句可被花括号包括起来组成语句块。例如以下脚本。

```
// 事件处理函数
public Function myDate( ){
```

```
var myDate:Date = new Date( );
currentMonth = myDate.getMonth( );
}
```

分号：动作脚本中的语句可以由一个分号结束。例如以下脚本。

```
var column = passedDate.getDay( );
var row = 0;
```

圆括号：在定义函数时，任何参数定义都必须放在一对圆括号内。例如以下脚本。

```
function myFunction (name, age, reader){
}
```

调用函数时，需要被传递的参数也必须放在一对圆括号内。例如以下脚本。

```
myFunction ("Steve", 10, true);
```

可以使用圆括号改变动作脚本的优先顺序或增强程序的易读性。

（3）区分大小写。

在区分大小写的编程语言中，大小写不同的变量名（如 book 和 Book）被视为不同的变量。Action Script 3.0 中标识符需要区分大小写，例如，下面两条动作语句是不同的。

```
cat.hilite = true;
CAT.hilite = true;
```

对于关键字、类名、变量、方法名等，要严格区分大小写。如果关键字大小写出现错误，在编写程序时就会有错误提示信息。如果采用了彩色语法模式，那么正确的关键字将以深蓝色显示。

（4）注释。

在"动作"面板中，使用注释语句可以在一个帧或者按钮的脚本中添加说明，有利于增加程序的易读性。注释语句以双斜线 // 开始，斜线显示为灰色时，注释内容可以不考虑长度和语法，注释语句不会影响动画输出时的文件大小。例如以下脚本。

```
public Function myDate( ){
   // 创建新的 Date 对象
var myDate:Date = new Date( );
currentMonth = myDate.getMonth( );
   // 将月份数转换为月份名称
   monthName = calcMonth(currentMonth);
   year = myDate.getFullYear( );
   currentDate = myDate.getDate( );
}
```

（5）关键字。

动作脚本保留了一些单词用于该语言中的特定用途，因此不能将它们用作变量、函数或标签的名称。如果在编写程序的过程中使用了关键字，脚本窗口中的关键字会以蓝色显示。

（6）常量。

常量的值永远不会改变。所有的常量可以在"动作"面板的工具箱和动作脚本字典中找到。

10.4 变量

变量是包含信息的容器。容器本身不会改变，但内容可以更改。当第一次定义变量时，最好为变量定义一个已知值，这就是初始化变量，通常在 SWF 文件的第 1 帧中完成。每一个影片剪辑对象都有自己的变量，而且不同的影片剪辑对象中的变量相互独立且互不影响。

变量中可以存储的常见信息类型包括 URL、用户名、数字运算的结果、事件发生的次数等。

为变量命名必须遵循以下规则。

（1）变量名在其作用范围内必须是唯一的。

（2）变量名不能是关键字或布尔值（true 或 false）。

（3）变量名必须以字母或下画线开始，由字母、数字、下画线组成，不能包含空格，不区分大小写。

变量的范围是指变量在其中已知并且可以引用的区域，它包含 3 种类型，具体如下。

（1）本地变量：在声明它们的函数体（由花括号决定）内可用。本地变量的使用范围只限于它的代码块，会在该代码块结束时到期，其余的本地变量会在脚本结束时到期。若要声明本地变量，可以在函数体内部使用 var 语句。

（2）时间轴变量：可用于时间轴上的任意脚本。要声明时间轴变量，应在时间轴的所有帧上都初始化这些变量。应先初始化变量，然后尝试在脚本中访问它们。

（3）全局变量：对于文档中的每个时间轴和范围均可见。

不论是本地变量还是全局变量，都需要使用 var 语句。

10.5　函数

函数是用来对常量、变量等进行某种运算的方法，如产生随机数、进行数值运算、获取对象属性等。函数是一个动作脚本代码块，它可以在影片中的任何位置上重复使用。如果将值作为参数传递给函数，则函数将对这些值进行操作。函数也可以返回值。

调用函数可以用一行代码来代替一个可执行的代码块。函数可以执行多个动作，并为所执行的动作传递可选项。函数必须要有唯一的名称，以便在代码行中可以知道访问的是哪一个函数。

Animate 2020 具有内置的函数，可以访问特定的信息或执行特定的任务，例如获得 Flash 播放器的版本号。属于对象的函数叫方法，不属于对象的函数叫顶级函数，可以在"动作"面板的"函数"类别中找到。

每个函数都具备自己的特性，而且某些函数需要传递特定的值。如果传递的参数多于函数的需要，多余的值将被忽略。如果传递的参数少于函数的需要，空的参数会被指定为 undefined 数据类型，这在导出脚本时，可能会导致出现错误。如果要调用函数，该函数必须在播放头到达的帧中。

动作脚本提供了自定义函数的方法，可以自行定义参数，并返回结果。当在主时间轴上或影片剪辑时间轴的关键帧中添加函数时，即是在定义函数。所有的函数都有目标路径。所有函数都需要在名称后跟一对括号()，但括号中是否有参数是可选的。一旦定义了函数，就可以在任何一个时间轴中调用它，包括加载 SWF 文件的时间轴。

10.6　表达式和运算符

表达式是由常量、变量、函数和运算符按照运算法则组成的计算式。运算符是可以对数值、字符串、逻辑值进行运算的关系符号。运算符有很多种类，包括算术运算符、字符串运算符、比较运算符、逻辑运算符、位运算符和赋值运算符等。

（1）算术运算符及表达式。算术表达式是对数值进行运算的表达式。它由数值、以数值为结果的函数、算术运算符组成，运算结果是数值或逻辑值。

在 Animate 2020 中可以使用的算术运算符如下。

+、−、*、/：执行加、减、乘、除运算。

＝、<>：比较两个数值是否相等、不相等。

<、<=、>、>=：比较运算符前面的数值是否小于、小于等于、大于、大于等于后面的数值。

（2）字符串运算符及表达式。字符串表达式是对字符串进行运算的表达式。它由字符串、以字符串为结果的函数、字符串运算符组成，运算结果是字符串或逻辑值。

在 Animate 2020 中可以参与字符串表达式的运算符如下。

&：连接运算符两边的字符串。

Eq、Ne：判断运算符两边的字符串是否相等。

Lt、Le、Qt、Qe：判断运算符左边字符串的 ASCII 值是否小于、小于等于、大于、大于等于右边字符串的 ASCII 值。

（3）逻辑运算符及表达式。逻辑表达式是对结果进行逻辑判断的表达式。它由逻辑值、以逻辑值为结果的函数、以逻辑值为结果的算术或字符串表达式和逻辑运算符组成，运算结果是逻辑值。

（4）位运算符。位运算符用于处理浮点数。运算时先将操作数转化为 32 位的二进制数，然后对每个操作数分别按位进行运算，运算后再将二进制的结果以 Flash 的数值类型返回。

动作脚本的位运算符包括 &（位与）、/（位或）、^（位异或）、~（位非）、<<（左移位）、>>（右移位）、>>>（填 0 右移位）等。

（5）赋值运算符。赋值运算符的作用是为变量、数组元素或对象的属性赋值。

课堂练习——制作漫天飞雪

🔗 练习知识要点

使用"椭圆"工具和"颜色"面板绘制雪花图形，使用"动作"面板添加脚本语言，效果如图 10-20 所示。

图 10-20

微课视频

制作漫天飞雪

效果所在位置

云盘 /Ch10/ 效果 / 制作漫天飞雪 .fla。

课后习题——制作鼠标跟随

习题知识要点

使用"椭圆"工具和"颜色"面板绘制鼠标跟随图形，使用"动作"面板添加脚本语言，效果如图 10-21 所示。

微课视频

制作鼠标
跟随

图 10-21

效果所在位置

云盘 /Ch10/ 效果 / 制作鼠标跟随 .fla。

11

第 11 章
交互式动画的制作

本章介绍

  Animate 动画具有交互性,可以通过对按钮的控制来更改动画的播放形式。本章将介绍控制动画播放、按钮状态变化、添加控制命令的方法。读者通过学习可以了解并掌握如何实现动画的交互功能,从而掌握人机交互的操作方式。

学习目标

- 掌握播放和停止动画的方法
- 掌握按钮事件的应用
- 了解添加控制命令的方法

素质目标

- 培养能够理解用户的期望,从用户角度出发设计交互体验的能力
- 培养能够创造出独特且吸引人的交互式动画的能力
- 培养能够将故事情节与交互元素有机地结合的能力

11.1 播放和停止动画

Animate 动画的交互性就是用户通过菜单、按钮、键盘和文字输入等方式，来控制动画的播放。交互是指用户与计算机之间产生互动，计算机对用户的指示作出相应的反应。交互式动画就是动画在播放时支持事件响应和交互功能的一种动画，动画在播放时不是从头播到尾，而是可以由用户控制播放。

11.1.1 课堂案例——制作祝福语动态海报

案例学习目标

使用"动作"面板添加动作脚本语言。

案例知识要点

使用导入素材制作按钮元件；使用"创建补间形状"命令和"遮罩层"命令制作文字动画效果；使用"动作"面板添加脚本语言，效果如图 11-1 所示。

图 11-1

微课视频　　　　　　扩展案例

制作祝福语　　　　制作汽车
动态海报　　　　　展示

效果所在位置

云盘 /Ch11/ 效果 / 制作祝福语动态海报 .fla。

1. 导入素材制作按钮元件

（1）选择"文件 > 新建"命令，弹出"新建文档"对话框，在"详细信息"选项组中，将"宽"设为 1125，"高"设为 2436，在"平台类型"下拉列表中选择"ActionScript 3.0"选项，单击"创建"按钮，完成文档的创建。

（2）选择"文件 > 导入 > 导入到库"命令，在弹出的"导入到库"对话框中，选择云盘中的"Ch11 > 素材 > 制作祝福语动态海报 > 01 ～ 03"文件，单击"打开"按钮，文件被导入"库"面板中，如图 11-2 所示。

（3）按 Ctrl+F8 组合键，弹出"创建新元件"对话框，在"名称"文本框中输入"播放"，在"类型"下拉列表中选择"按钮"选项，如图 11-3 所示，单击"确定"按钮，新建按钮元件"播放"，如图 11-4 所示，舞台窗口也随之转换为按钮元件的舞台窗口。

图 11-2

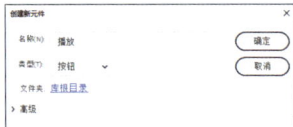
图 11-3

图 11-4

（4）将"库"面板中的位图"02"文件拖曳到舞台窗口中，并放置在适当的位置，效果如图 11-5 所示。用相同的方法将位图"03"制作成按钮元件"停止"，如图 11-6 所示。

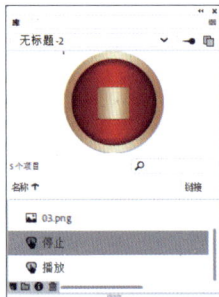
图 11-5

图 11-6

2. 制作场景动画

（1）单击舞台窗口左上方的图标 ← ，进入"场景 1"的舞台窗口。将"图层 _1"重新命名为"底图"。将"库"面板中的位图"01"拖曳到舞台窗口的中心位置，效果如图 11-7 所示。选中"底图"图层的第 160 帧，按 F5 键，插入普通帧。

（2）在"时间轴"面板中创建一个新图层并将其命名为"文字 1"。选择"文本"工具 T ，在"文本"工具"属性"面板"工具"选项卡中，将"字体"设为"方正正粗黑简体"，"大小"设为 85，"填充"设为黑色，"字母间距"设为 4，"行距"设为 38；在舞台窗口中输入需要的文字，效果如图 11-8 所示。

（3）在"属性"面板"对象"选项卡中，单击"改变文本方向"按钮 ，在弹出的下拉菜单中选择"垂直"命令，在"呈现"下拉列表中选择"位图文本 [无消除锯齿]"选项，在舞台窗口中将文字拖曳到适当的位置，效果如图 11-9 所示。

（4）在"时间轴"面板中创建一个新图层并将其命名为"遮罩 1"。选择"矩形"工具 ，在工具箱中将"笔触颜色"设为无，"填充颜色"设为黄色（#FFCC00），在舞台窗口绘制一个矩形，效果如图 11-10 所示。

（5）选中"遮罩 1"图层的第 25 帧，按 F6 键，插入关键帧。选择"任意变形"工具 ，选中舞台窗口中的矩形，在矩形的周围出现控制框，如图 11-11 所示。选中矩形下方中间的控制点，按住 Alt 键的同时，向下拖曳到适当的位置，修改矩形的（高）度，效果如图 11-12 所示。

图 11-7

图 11-8

图 11-9

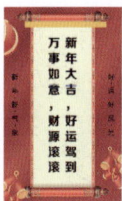

图 11-10

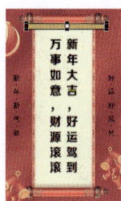

图 11-11

图 11-12

（6）用鼠标右键单击"遮罩 1"图层的第 1 帧，在弹出的菜单中选择"创建补间形状"命令，生成形状补间动画，如图 11-13 所示。在"遮罩 1"图层上单击鼠标右键，在弹出的菜单中选择"遮罩层"命令，将"遮罩 1"图层设置为遮罩层，"文字 1"图层设置为被遮罩的层，如图 11-14 所示。选中"文字 1"图层的第 40 帧，按 F7 键，插入空白关键帧。

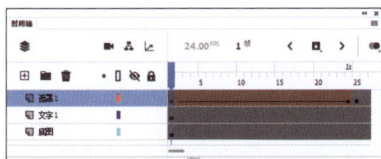

图 11-13

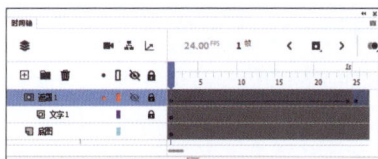

图 11-14

（7）用上述方法制作其他文字动画，如图 11-15 所示。

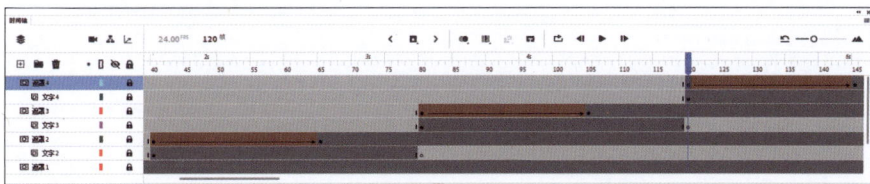

图 11-15

（8）在"时间轴"面板中创建一个新图层并将其命名为"按钮"。将"库"面板中的按钮元件"播放"拖曳到舞台窗口中，并放置在适当的位置，效果如图 11-16 所示。在按钮"属性"面板"对象"选项卡中的"实例名称"文本框中输入"start_Btn"，如图 11-17 所示。

（9）将"库"面板中的按钮元件"停止"拖曳到舞台窗口中，并放置在适当的位置，效果如图 11-18 所示。在按钮"属性"面板"对象"选项卡中的"实例名称"文本框中输入"stop_Btn"，如图 11-19 所示。

（10）在"时间轴"面板中创建一个新图层并将其命名为"动作脚本"。选中"动作脚本"图层的第 1 帧，选择"窗口 > 动作"命令，弹出"动作"面板（其快捷键为 F9 键）。在"动作"面板中设置脚本语言，脚本窗口中显示的内容如图 11-20 所示。

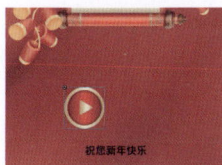

图 11-16

图 11-17

图 11-18

图 11-19

（11）选中"动作脚本"图层的第 160 帧，按 F6 键，插入关键帧。在"动作"面板中设置脚本语言，脚本窗口中显示的内容如图 11-21 所示。祝福语动态海报制作完成，按 Ctrl+Enter 组合键即可查看效果。

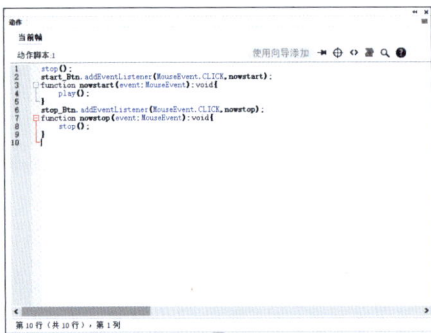

图 11-20

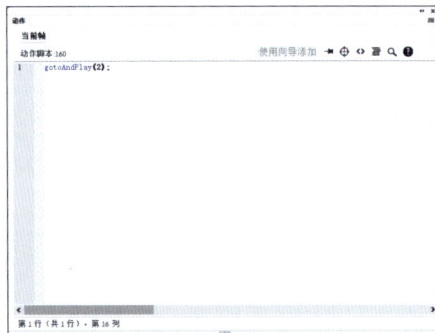

图 11-21

11.1.2　播放和停止动画

控制动画的播放和停止所使用的动作脚本如下。

（1）stop()：用于在此帧停止播放。

举例如下。

```
stop();
```

（2）gotoAndStop()：用于转到某帧并停止播放。

举例如下。

```
stop_Btn.addEventListener(MouseEvent.CLICK,nowstop);
function nowstop(event:MouseEvent):void{
    gotoAndStop(2);
}
```

（3）gotoAndPlay()：用于转到某帧并开始播放。

举例如下。

```
start_Btn.addEventListener(MouseEvent.CLICK,nowstart);
function nowstart(event:MouseEvent):void{
 gotoAndPlay(2);
}
```

（4）addEventListener()：用于添加事件监听器。

举例如下。

```
所要接收事件的对象 .addEventListener( 事件类型 , 事件名称 , 事件响应函数的名称 );
{
// 此处为响应的事件所要执行的动作
}
```

打开云盘中的"基础素材 > Ch11 > 01"文件。在"库"面板中新建一个图形元件"热气球"，如图 11-22 所示，舞台窗口也随之转换为图形元件的舞台窗口，将"库"面板中的位图"02"拖曳到舞台窗口中，效果如图 11-23 所示。

图 11-22

图 11-23

单击舞台窗口左上方的图标 ←，进入"场景 1"的舞台窗口。单击"时间轴"面板上方的"新建图层"按钮 ⊞，创建一个新图层并将其命名为"热气球"，如图 11-24 所示。将"库"面板中的图形元件"热气球"拖曳到舞台窗口中，效果如图 11-25 所示。选中"底图"图层的第 50 帧，按 F5 键，插入普通帧，如图 11-26 所示。

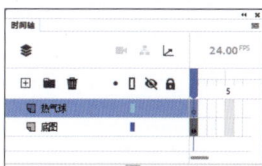

图 11-24

图 11-25

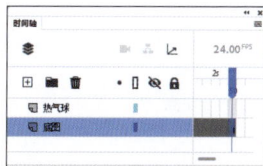

图 11-26

选中"热气球"图层的第 50 帧，按 F6 键，插入关键帧，如图 11-27 所示。选择"选择"工具 ▶，在舞台窗口中将热气球图形向上拖曳到适当的位置，效果如图 11-28 所示。

用鼠标右键单击"热气球"图层的第 1 帧，在弹出的菜单中选择"创建传统补间"命令，创建动作补间动画，如图 11-29 所示。

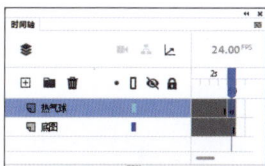

图 11-27

图 11-28

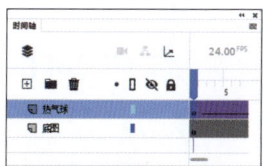

图 11-29

单击"时间轴"面板上方的"新建图层"按钮 ⊞，创建一个新图层并将其命名为"按钮"，如图 11-30 所示。将"库"面板中的按钮元件"播放"和"停止"拖曳到舞台窗口中，效果如图 11-31 所示。

选择"选择"工具 ▶，在舞台窗口中选中"播放"按钮实例，在"属性"面板中，将"实例名称"设为 start_Btn，如图 11-32 所示。用相同的方法将"停止"按钮实例的"实例名称"设为 stop_Btn，如图 11-33 所示。

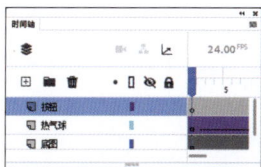

图 11-30

图 11-31

图 11-32

图 11-33

单击"时间轴"面板上方的"新建图层"按钮田，创建一个新图层并将其命名为"动作脚本"。
选择"窗口 > 动作"命令，弹出"动作"面板，在"动作"面板中设置脚本语言，脚本窗口中显示
的内容如图 11-34 所示。

设置完动作脚本后，关闭"动作"面板。在"动作脚本"图层中的第 1 帧上显示出一个标记"a"，
如图 11-35 所示。

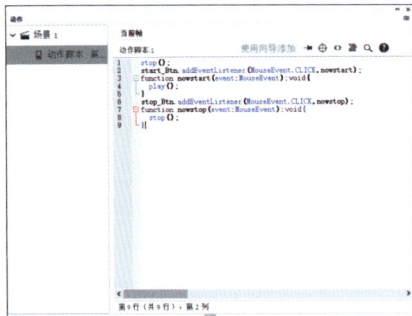

图 11-34

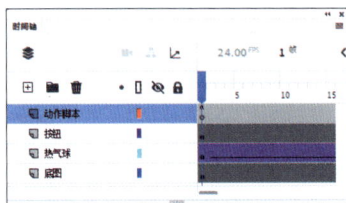

图 11-35

按 Ctrl+Enter 组合键，查看动画效果。当单击播放按钮后，动画开始播放，效果如图 11-36 所
示。单击停止按钮后，动画停止在正在播放的帧上，效果如图 11-37 所示。

图 11-36

图 11-37

11.2 按钮事件

打开云盘中的"基础素材 > Ch11 > 02"文件，调出"库"面板，如图 11-38 所示。在"库"面板
中，用鼠标右键单击按钮元件"Play"，在弹出的菜单中选择"属性"命令，弹出"元件属性"对话框，
勾选"为 ActionScript 导出"复选框，在"类"文本框中输入类名称"playbutton"，如图 11-39 所示，
单击"确定"按钮。

图 11-38

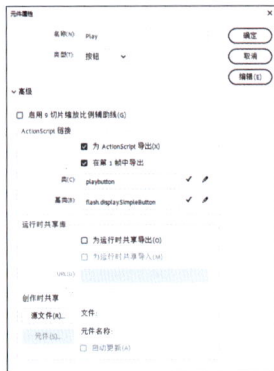

图 11-39

单击"时间轴"面板上方的"新建图层"按钮⊞，新建"图层−1"。选择"窗口 > 动作"命令，弹出"动作"面板（其快捷键为 F9 键）。在脚本窗口中输入脚本语言，"动作"面板中的效果如图 11-40 所示。按 Ctrl+Enter 组合键即可查看效果，如图 11-41 所示。

图 11-40

图 11-41

```
stop();// 处于静止状态
var playBtn:playbutton = new playbutton();// 创建一个按钮实例
        playBtn.addEventListener( MouseEvent.CLICK, handleClick );// 为按钮实例
添加监听器
var stageW=stage.stageWidth;
var stageH=stage.stageHeight;// 依据舞台的宽和高
playBtn.x=stageW/1.2;
playBtn.y=stageH/1.2;
this.addChild(playBtn);
// 添加按钮到舞台中，并将其放置在舞台的左下角（"stageW/1.2""stageH/1.2"分别为宽
和高在 x 轴和 y 轴的坐标）
function handleClick( event:MouseEvent ) {
            gotoAndPlay(2);
    }// 单击按钮时跳到下一帧并开始播放动画
```

11.3 鼠标效果

控制鼠标跟随所使用的脚本如下。

```
root.addEventListener(Event.ENTER_FRAME, 元件实例 );
function 元件实例 (e:Event) {
var h: 元件 = new 元件 ();// 添加一个元件实例
h.x=root.mouseX;
h.y=root.mouseY;// 设置元件实例在 x 轴和 y 轴的坐标位置
root.addChild(h);// 将元件实例放入场景
}
```

打开云盘中的"基础素材 > Ch11 > 03"文件，如图 11-42 所示。调出"库"面板，如图 11-43 所示。

用鼠标右键单击"库"面板中的影片剪辑元件"图形动"，在弹出的菜单中选择"属性"命令，弹出"元件属性"对话框，勾选"为 ActionScript 导出"复选框，在"类"文本框中输入类名称"Box"，如图 11-44 所示，单击"确定"按钮。

在"时间轴"面板中创建一个新图层并将其命名为"动作脚本"。选择"窗口 > 动作"命令，弹出"动作"面板（其快捷键为 F9 键）。在脚本窗口中输入脚本语言，"动作"面板中的效果如图 11-45 所示。

图 11-42

图 11-43

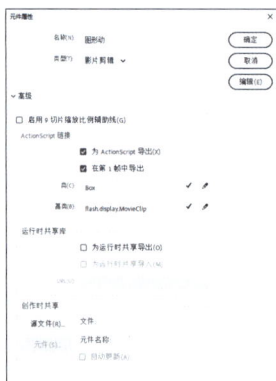

图 11-44

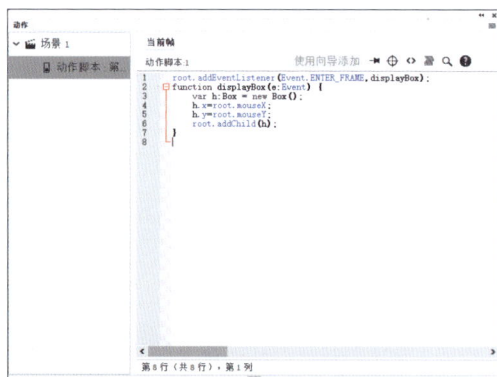

图 11-45

选择"文件 > ActionScript 设置"命令，弹出"高级 ActionScript 3.0 设置"对话框，在对话框中取消勾选"严谨模式"复选框，如图 11-46 所示，单击"确定"按钮。鼠标效果制作完成，按 Ctrl+Enter 组合键即可查看效果，如图 11-47 所示。

图 11-46

图 11-47

课堂练习——制作端午节庆海报

练习知识要点

使用"导入"命令导入素材制作元件；使用"创建传统补间"命令制作传统补间动画；使用"动作"面板添加脚本语言，效果如图 11-48 所示。

图 11-48

效果所在位置

云盘 /Ch11/ 效果 / 制作端午节庆海报 .fla。

课后习题——制作动态图标

习题知识要点

使用"椭圆"工具制作圆形装饰图形；使用"文本"工具输入文本；使用"创建元件"命令制作按钮元件，效果如图 11-49 所示。

图 11-49

效果所在位置

云盘 /Ch11/ 效果 / 制作动态图标 .fla。

12

第 12 章
组件和动画预设

本章介绍

  在 Animate 2020 中，系统预先设定了组件和动画预设命令功能来协助用户制作动画，以提高制作效率。本章主要讲解组件、动画预设的使用方法。通过对本章的学习，读者可以了解并掌握如何应用系统自带的功能事半功倍地完成动画制作。

学习目标

- 了解组件及组件的设置
- 掌握动画预设的应用、导入、导出和删除

素质目标

- 培养能够创造独特而引人入胜的效果的能力
- 培养能够保持学习的状态，随时掌握新的功能和技术的能力
- 培养能够认真倾听的沟通交流能力

12.1　组件

组件是一些复杂的带有可定义参数的影片剪辑符号。一个组件就是一段影片剪辑，其中的参数由用户在创作 Animate 影片时进行设置，其中所带的动作脚本 API 供用户在运行时自定义组件。组件旨在让开发人员重用和共享代码，以及封装复杂功能，让用户在没有"动作脚本"时也能使用和自定义这些功能。

12.1.1　关于 Animate 组件

组件可以是单选按钮、对话框、下拉列表、预加载栏，甚至是根本没有外形的某个项，如定时器、服务器连接实用程序或自定义 XML 分析器等。

对于编写 ActionScript 不熟悉的用户，可以直接向文档添加组件。添加的组件可以在"属性"面板中设置参数，然后可以使用"代码片断"对话框处理其事件。

用户无须编写任何 ActionScript 代码，就可以将"转到 Web 页"行为附加到一个 Button 组件上，单击此按钮会在 Web 浏览器中打开一个 URL。

创建功能更加强大的应用程序，可通过动态方式创建组件，使用 ActionScript 在运行时设置属性和调用方法，还可使用事件监听器模型来处理事件。

首次将组件添加到文档时，Animate 会将其作为影片剪辑导入"库"面板中，还可以将组件从"组件"面板直接拖曳到"库"面板中，然后将其实例添加到舞台上。在任何情况下，用户都必须将组件添加到库中，才能访问其类元素。

12.1.2　设置组件

选择"窗口 > 组件"命令，或按 Ctrl+F7 组合键，弹出"组件"面板，如图 12-1 所示。Animate 2020 提供了两类组件，分别是用于创建界面的 User Interface 类组件和控制视频播放的 Video 组件。

在"组件"面板中双击要使用的组件，该组件将显示在舞台窗口中，如图 12-2 所示。

还可以在"组件"面板中选中要使用的组件，将其直接拖曳到舞台窗口中，如图 12-3 所示。

图 12-1

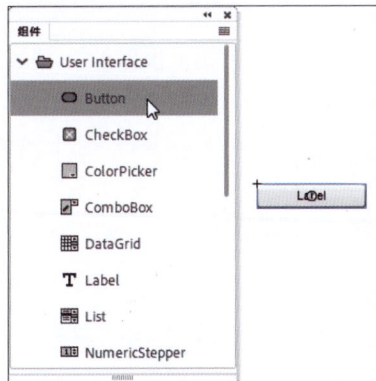
图 12-2

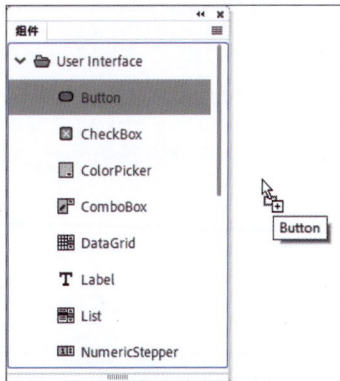
图 12-3

在舞台窗口中选中组件，如图 12-4 所示，按 Ctrl+F3 组合键，弹出"属性"面板，如图 12-5 所示。单击"显示参数"按钮 ▣ ，弹出"组件参数"面板，可以在该面板中设置相应的选项，如图 12-6 所示。

图 12-4 　　　　　　　 图 12-5

图 12-6

12.2 使用动画预设

动画预设是预配置的补间动画，可以将它们应用于舞台上的对象。只需选择对象并单击"动画预设"面板中的"应用"按钮，即可为选中的对象添加动画效果。

使用动画预设是在 Animate 中添加动画的快捷方法。一旦了解了预设的工作方式，自己制作动画就非常容易了。

用户可以创建并保存自定义预设。自定义预设可以来自已修改的现有动画预设，也可以来自用户创建的自定义补间动画。

使用"动画预设"面板，还可导入和导出预设。用户可以与协作人员共享预设，或利用 Animate 设计社区成员共享的预设。

12.2.1　课堂案例——制作运动鞋横版海报

案例学习目标

使用不同的预设命令制作动画效果。

案例知识要点

使用"导入"命令导入素材制作图形元件；使用从顶部飞入、从底部飞入、从左边飞入、从右边飞入和脉搏预设制作运动鞋横版海报动画效果，效果如图 12-7 所示。

微课视频　　　　　　 扩展案例

制作运动鞋　　　　　 制作洋酒
横版海报　　　　　　　广告

图 12-7

效果所在位置

光盘 /Ch12/ 效果 / 制作运动鞋横版海报 .fla。

1. 创建图形元件

（1）选择"文件 > 新建"命令，弹出"新建文档"对话框，在"详细信息"选项组中，将"宽"设为 750，"高"设为 390，在"平台类型"下拉列表中选择"ActionScript 3.0"选项，单击"创建"按钮，完成文档的创建。

（2）选择"文件 > 导入 > 导入到库"命令，在弹出的"导入到库"对话框中，选择云盘中的"Ch12 > 素材 > 制作运动鞋横版海报 > 01 ~ 06"文件，单击"打开"按钮，文件被导入"库"面板中，如图 12-8 所示。

（3）按 Ctrl+F8 组合键，弹出"创建新元件"对话框，在"名称"文本框中输入"天空"，在"类型"下拉列表中选择"图形"选项，如图 12-9 所示，单击"确定"按钮，新建图形元件"天空"，如图 12-10 所示，舞台窗口也随之转换为图形元件的舞台窗口。

图 12-8

图 12-9

图 12-10

（4）将"库"面板中的位图"01"拖曳到舞台窗口中，并放置在适当的位置，效果如图 12-11 所示。用相同的方法将"库"面板中的位图"02""03""04""05""06"文件，分别制作成图形元件"草坪""运动鞋""文字""音乐符""logo"，如图 12-12 所示。

图 12-11

图 12-12

2. 制作场景动画

（1）单击舞台窗口左上方的图标 ← ，进入"场景 1"的舞台窗口。将"图层 _1"重命名为"天空"，如图 12-13 所示。将"库"面板中的图形元件"天空"拖曳到舞台窗口中，并放置在适当的位置，效果如图 12-14 所示。

（2）保持"天空"实例的选取状态，选择"窗口 > 动画预设"命令，弹出"动画预设"面板，如图 12-15 所示，单击"默认预设"文件夹前面的图标 ＞ ，展开默认预设，如图 12-16 所示。

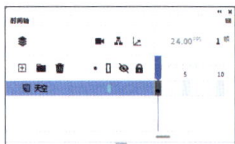   

图 12-13　　　　　　　图 12-14　　　　　　　图 12-15　　　　　　　图 12-16

（3）在"动画预设"面板中，选择"从顶部飞入"选项，如图 12-17 所示，单击"应用"按钮 应用 ，舞台窗口中的效果如图 12-18 所示。

（4）选中"天空"图层的第 1 帧，在舞台窗口中将"天空"实例垂直向上拖曳到适当的位置，效果如图 12-19 所示。选中"天空"图层的第 24 帧，在舞台窗口中将"天空"实例垂直向上拖曳到与舞台中心重叠的位置，效果如图 12-20 所示。选中"天空"图层的第 160 帧，按 F5 键，插入普通帧。

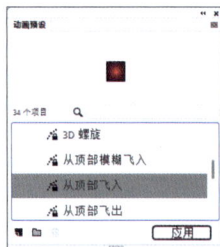   

图 12-17　　　　　　　图 12-18　　　　　　　图 12-19　　　　　　　图 12-20

（5）在"时间轴"面板中创建一个新图层并将其命名为"草坪"。选中"草坪"图层的第 20 帧，按 F6 键，插入关键帧。将"库"面板中的图形元件"草坪"拖曳到舞台窗口中，并放置在适当的位置，效果如图 12-21 所示。

（6）保持"草坪"实例的选取状态，在"动画预设"面板中，选择"从底部飞入"选项，单击"应用"按钮 应用 ，舞台窗口中的效果如图 12-22 所示。

（7）选中"草坪"图层的第 43 帧，在舞台窗口中将"草坪"实例的底部与舞台底部重叠，效果如图 12-23 所示。选中"草坪"图层的第 160 帧，按 F5 键，插入普通帧，如图 12-24 所示。

 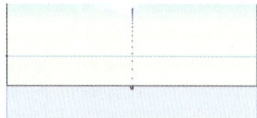  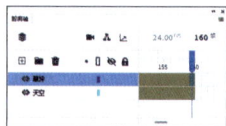

图 12-21　　　　　　　图 12-22　　　　　　　图 12-23　　　　　　　图 12-24

（8）在"时间轴"面板中创建一个新图层并将其命名为"运动鞋"。选中"运动鞋"图层的第 40 帧，按 F6 键，插入关键帧。将"库"面板中的图形元件"运动鞋"拖曳到舞台窗口中，并放置在适当的位置，效果如图 12-25 所示。

（9）保持"运动鞋"实例的选取状态，在"动画预设"面板中，选择"从右边飞入"选项，单击"应用"按钮 应用 ，舞台窗口中的效果如图 12-26 所示。

（10）选中"运动鞋"图层的第 63 帧，在舞台窗口中将"运动鞋"实例水平向左拖曳到适当的位置，效果如图 12-27 所示。选中"运动鞋"图层的第 160 帧，按 F5 键，插入普通帧。

（11）在"时间轴"面板中创建一个新图层并将其命名为"音乐符"。选中"音乐符"图层的第 60 帧，按 F6 键，插入关键帧。将"库"面板中的图形元件"音乐符"拖曳到舞台窗口中，并放置在适当的位置，效果如图 12-28 所示。

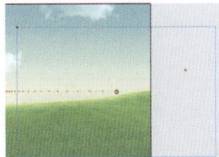

图 12-25   图 12-26   图 12-27   图 12-28

（12）保持"音乐符"实例的选取状态，在"动画预设"面板中，选择"脉搏"选项，如图 12-29 所示，单击"应用"按钮 应用 ，应用预设样式。"时间轴"面板中的显示如图 12-30 所示。选中"音乐符"图层的第 160 帧，按 F5 键，插入普通帧。

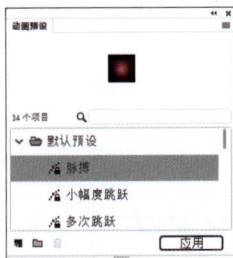
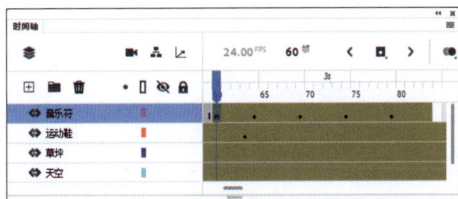

图 12-29   图 12-30

（13）在"时间轴"面板中创建一个新图层并将其命名为"文字"。选中"文字"图层的第 75 帧，按 F6 键，插入关键帧。将"库"面板中的图形元件"文字"拖曳到舞台窗口中，并放置在适当的位置，效果如图 12-31 所示。

（14）保持"文字"实例的选取状态，在"动画预设"面板中，选择"从顶部飞入"选项，单击"应用"按钮 应用 ，舞台窗口中的效果如图 12-32 所示。

（15）选中"文字"图层的第 98 帧，在舞台窗口中将"文字"实例垂直向上拖曳到适当的位置，效果如图 12-33 所示。选中"文字"图层的第 160 帧，按 F5 键，插入普通帧。

（16）在"时间轴"面板中创建一个新图层并将其命名为"logo"。选中"logo"图层的第 90 帧，按 F6 键，插入关键帧。将"库"面板中的图形元件"logo"拖曳到舞台窗口中，并放置在适当的位置，效果如图 12-34 所示。

图 12-31   图 12-32   图 12-33   图 12-34

（17）保持"logo"实例的选取状态，在"动画预设"面板中，选择"脉搏"选项，单击"应用"按钮 应用 ，应用预设样式。选中"logo"图层的第 160 帧，按 F5 键，插入普通帧。

（18）运动鞋横版海报效果制作完成，按 Ctrl+Enter 组合键即可查看效果，如图 12-35 所示。

图 12-35

12.2.2　预览动画预设

Animate 的每个动画预设都可以预览，可在"动画预设"面板中预览其效果。通过预览，用户可以了解在将动画应用于 FLA 文件中的对象时会获得的结果。对于用户创建或导入的自定义预设，用户可以添加自己的预览。

选择"窗口 > 动画预设"命令，弹出"动画预设"面板，如图 12-36 所示。单击"默认预设"文件夹前面的图标 ⊡，选择其中一个默认的预设选项，即可预览默认动画预设，如图 12-37 所示。要停止预览播放，在"动画预设"面板外单击即可。

图 12-36

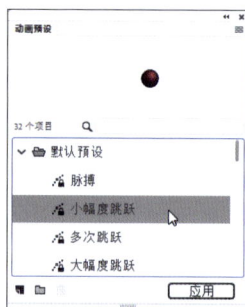

图 12-37

12.2.3　应用动画预设

在舞台上选中可补间的对象（元件实例或文本字段）后，可单击"应用"按钮来应用预设。每个对象只能应用一个预设。如果将第二个预设应用于相同的对象，则第二个预设将替换第一个预设。

一旦将预设应用于舞台上的对象，在时间轴中创建的补间就不再与"动画预设"面板有任何关系了。在"动画预设"面板中删除或重命名某个预设对以前使用该预设创建的所有补间没有任何影响。在面板中的现有预设上保存新预设，对使用原始预设创建的任何补间也没有影响。

每个动画预设都包含特定数量的帧。在应用预设时，在时间轴中创建的补间范围将包含此数量的帧。如果目标对象已应用了不同长度的补间，补间范围将进行调整，以符合动画预设的长度。可在应用预设后调整时间轴中补间范围的长度。

包含 3D 动画的动画预设只能应用于影片剪辑实例。已补间的 3D 属性不适用于图形或按钮元件，也不适用于文本字段。可以将 2D 或 3D 动画预设应用于任何 2D 或 3D 影片剪辑。

> **提示**
>
> 　　如果动画预设对 3D 影片剪辑的 z 轴位置进行了动画处理，则该影片剪辑在显示时也会改变其 x 轴和 y 轴位置。这是因为 z 轴上的移动是沿着从 3D 消失点（在 3D 元件实例属性检查器中设置）辐射到舞台边缘的不可见透视线执行的。

打开云盘中的"基础素材 > Ch12 > 01"文件，如图 12-38 所示。单击"时间轴"面板中的"新建图层"按钮 ⊞，新建"图层_2"图层，如图 12-39 所示。

图 12-38

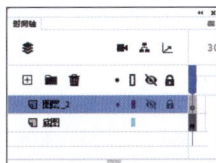

图 12-39

将"库"面板中的图形元件"花瓣"拖曳到舞台窗口中，并放置在适当的位置，效果如图 12-40 所示。选择"窗口 > 动画预设"命令，弹出"动画预设"面板。单击"默认预设"文件夹前面的图标 ⟩，展开默认预设选项，如图 12-41 所示。

在舞台窗口中选中"花瓣"实例，在"动画预设"面板中选择"从顶部飞入"选项，如图 12-42 所示。

图 12-40

图 12-41

图 12-42

单击"动画预设"面板右下角的"应用"按钮 应用 ，为"花瓣"实例添加动画预设，舞台窗口中的效果如图 12-43 所示，"时间轴"面板如图 12-44 所示。

图 12-43

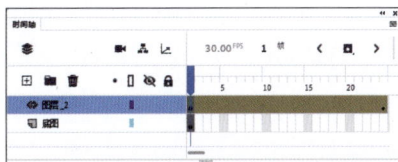

图 12-44

选中"图层_2"的第 24 帧，选择"选择"工具 ▶，在舞台窗口中向下拖曳"花瓣"实例到适当的位置，效果如图 12-45 所示。选中"底图"图层的第 24 帧，按 F5 键，插入普通帧，如图 12-46 所示。

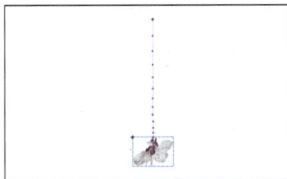

图 12-45

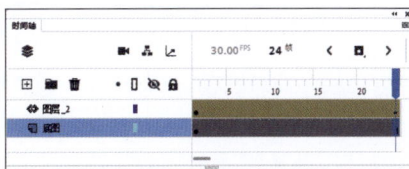

图 12-46

按 Ctrl+Enter 组合键，测试动画效果，在动画中花瓣会呈现自上向下降落的状态。

12.2.4　将补间另存为自定义动画预设

如果用户想将自己创建的补间，或对从"动画预设"面板应用的补间进行更改，可将它另存为新的动画预设。新预设将显示在"动画预设"面板中的"自定义预设"文件夹中。

选择"基本椭圆"工具⬭，在工具箱中，将"笔触颜色"设为无，"填充颜色"设为红色渐变，按住 Shift 键的同时，在舞台窗口中绘制 1 个圆形，效果如图 12-47 所示。

选择"选择"工具▶，选中渐变圆形，按 F8 键，弹出"转换为元件"对话框，在"名称"文本框中输入"渐变球"，在"类型"下拉列表中选择"图形"选项，如图 12-48 所示，单击"确定"按钮，将渐变圆形转换为图形元件。

图 12-47

图 12-48

在舞台窗口中用鼠标右键单击"渐变球"实例，在弹出的快捷菜单中选择"创建补间动画"命令，生成补间动画效果，"时间轴"面板如图 12-49 所示。在舞台窗口中，将"渐变球"实例向右上方拖曳到适当的位置，效果如图 12-50 所示。

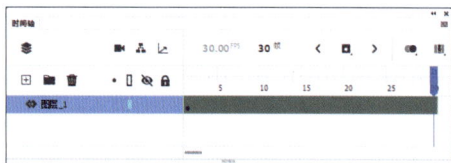

图 12-49

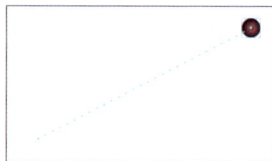

图 12-50

选择"选择"工具▶，将鼠标指针放置在运动路线上，当鼠标指针变为时，单击并向上拖曳到适当的位置，将运动路线调整为弧线，效果如图 12-51 所示。在"时间轴"面板中将播放头拖曳到第 15 帧的位置，选择"任意变形"工具，在舞台窗口中放大"渐变球"实例，效果如图 12-52 所示。

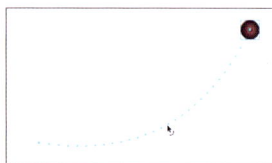

图 12-51

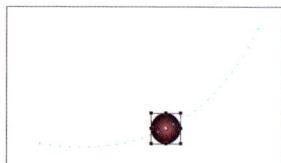

图 12-52

在"时间轴"面板中单击"图层_1"，将该图层中的所有补间选中，如图 12-53 所示。单击"动画预设"面板下方的"将选区另存为预设"按钮，弹出"将预设另存为"对话框，如图 12-54 所示。

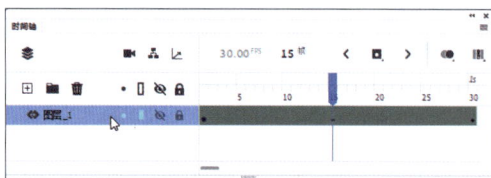

图 12-53

图 12-54

在"预设名称"文本框中输入所需的名称，如图 12-55 所示，单击"确定"按钮，完成另存为预设效果，"动画预设"面板如图 12-56 所示。

图 12-55

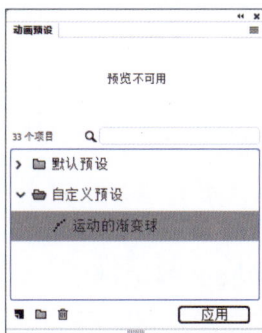

图 12-56

> **提示**　动画预设只能包含补间动画。传统补间不能保存为动画预设。自定义的动画预设存储在"自定义预设"文件夹中。

12.2.5　导出和导入动画预设

在 Animate 2020 中，动画预设除了默认预设和自定义预设外，还可以通过导入和导出的方式添加动画预设。

1．导出动画预设

在 Animate 2020 中可以将制作好的动画预设导出为 XML 文件，以便与其他 Animate 用户共享。

在"动画预设"面板中选择需要导出的预设，单击"动画预设"面板右上角的选项按钮 ，在弹出的菜单中选择"导出"命令，如图 12-57 所示。

在弹出的"另存为"对话框中，为 XML 文件选择保存位置及设置名称，如图 12-58 所示，单击"保存"按钮即可完成导出。

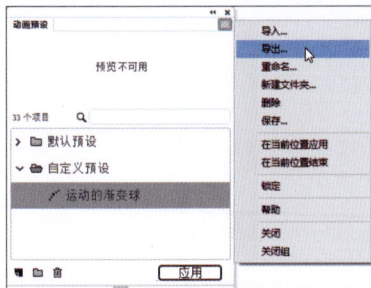

图 12-57

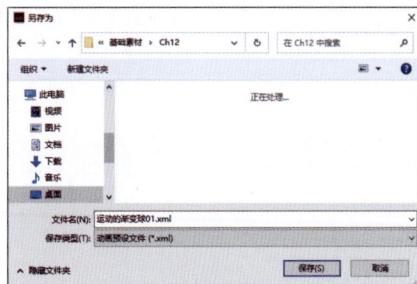

图 12-58

2．导入动画预设

动画预设存储为 XML 文件时，导入 XML 补间文件可将其添加到"动画预设"面板。

单击"动画预设"面板右上角的选项按钮 ，在弹出的菜单中选择"导入"命令，如图 12-59 所示，在弹出的"导入动画预设"对话框中选择要导入的文件，如图 12-60 所示。

单击"打开"按钮，运动的渐变球 01.xml 预设被导入"动画预设"面板中，如图 12-61 所示。

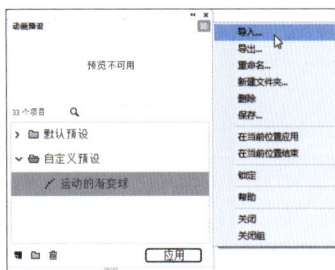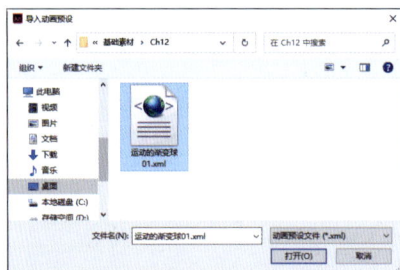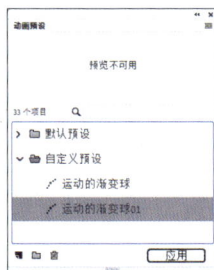

图 12-59　　　　　　　　　图 12-60　　　　　　　　　图 12-61

12.2.6　删除动画预设

用户可从"动画预设"面板中删除预设。在删除预设时，Animate 将从磁盘中删除其 XML 文件。请考虑制作以后将再次使用的预设的备份，方法是先导出这些预设的副本。

在"动画预设"面板中选择需要删除的预设，如图 12-62 所示，单击面板下方的"删除项目"按钮 🗑，系统将会弹出"删除预设"对话框，如图 12-63 所示，单击"删除"按钮，即可将选中的预设删除。

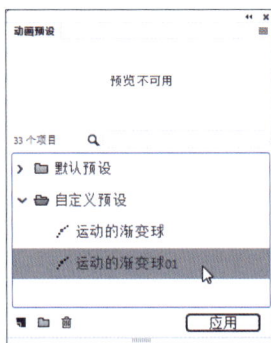

图 12-62

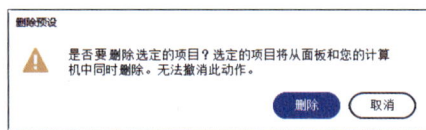

图 12-63

> 提示　"默认预设"文件夹中的预设是删不掉的。

课堂练习——制作汽车广告

练习知识要点

使用"导入到库"命令导入素材制作图形元件；使用从左边飞入、从右边飞入和脉搏制作汽车广告，效果如图 12-64 所示。

图 12-64

微课视频

制作汽车广告

效果所在位置

云盘 /Ch12/ 效果 / 制作汽车广告 .fla。

课后习题——制作旅行箱广告

习题知识要点

使用"导入到库"命令导入素材制作图形元件；使用从顶部飞入、从右边飞入和从左边飞入制作旅行箱广告动画，效果如图 12-65 所示。

图 12-65

微课视频

制作旅行箱
广告

效果所在位置

云盘 /Ch12/ 效果 / 制作旅行箱广告 .fla。

13

第 13 章
作品的测试、优化、输出和发布

本章介绍

　　在制作 Animate 动画时可以测试作品是否达到预期的
效果，还可将作品进行优化，以保证最好的网络播放效果。
Animate 作品制作完成后，可以通过输出或发布，将其制作
成脱离 Animate 2020 环境的其他文件格式。本章将介绍对
动画作品进行测试和优化的益处及技巧，还有输出和发布
作品的方法和格式。通过学习，读者可以了解并掌握测试、
优化、输出、发布作品、转换为 HTML5 Canvas 的方法和技
巧，制作出高质量的动画作品。

学习目标

　✓　了解影片的测试与优化
　✓　掌握影片的输出与发布

素质目标

　✓　培养对细节的关注，能发现潜在的问题并进行修复的能力
　✓　培养能够保持耐心并持续学习新的技术和方法的能力
　✓　培养团队成员相互配合的协作能力

13.1 影片的测试与优化

在动画的设计过程中，经常要测试当前编辑的动画，以便了解作品是否达到预期效果。如果动画要在网络环境中播放，还要考虑动画作品文件的大小，要在保证动画作品效果的同时，优化动画文件，保证其最好的网络播放效果。

13.1.1 影片测试窗口

选择"控制 > 测试"命令，或按 Ctrl+Enter 组合键，进入影片测试窗口，如图 13-1 所示。

图 13-1

13.1.2 作品优化

动画文件占用的空间越大，在网络上播放浏览时等待播放的时间就越长。虽然在动画作品发布时会自动进行一些优化，但是在制作动画时还要从整体上对动画进行优化，以减小文件占用的空间。

动画的优化包括以下几个方面。

（1）将动画中所有相同的对象用同一个符号引用，这样，相同内容的对象在作品中只需保存一次。

（2）在动画中尽量避免使用逐帧动画，多使用补间动画。因为补间动画中的过渡帧是计算所得，所以其文件占用空间大大小于逐帧动画。

（3）如果使用导入的位图，最好将位图作为背景或静止元素，尽量避免使用位图动画元素。

（4）将舞台中多个相对位置固定的对象建组。

（5）尽量用矢量线条代替矢量色块。降低矢量图形的复杂程度，如减少图形的边数或曲线上折线的数量。

（6）尽量不要将文字打散成轮廓，尽量少用嵌入字体。

（7）尽量少用渐变色，多使用单色，因为渐变色比单色多占用 50 个字节的存储空间。少使用不透明度，因为不透明度会减慢回放速度。

（8）尽量限制使用特殊线条的类型数，如虚线、点线等，因为实线比特殊线条占用的空间要小。使用"铅笔"工具 ✐ 绘制的线条比使用"画笔"工具 ✐ 绘制的线条占用的空间要小。

（9）使用"属性"面板中"颜色"下拉列表中的各个选项设置实例，可以使同一元件的不同实例产生多种不同的效果。

（10）尽量避免在作品的开始出现停顿。在作品的开始阶段，要在文件占用空间大的帧前面设计一些占用空间较小的帧序列，这样可以在播放这些帧的同时，预载后面文件占用空间大的内容。

（11）对于动画的音频素材，尽量使用 MP3 格式，因为其占用空间最小、压缩效果最好。

（12）音频引用对象和位图引用对象包含的文件占用空间大，因此，要避免在一个关键帧中同时包含这两种引用对象，否则可能会出现停顿帧。

13.2　影片的输出与发布

动画作品设计完成后，要通过输出或发布将其制作成可以脱离 Animate 2020 环境播放的动画文件。并不是所有应用系统都支持 Animate 文件格式，如果要在网页、应用程序、多媒体中编辑动画作品，可以将它们导出成通用的文件格式，如 GIF、JPEG、PNG、GIF（动画）或 SWF 等格式。

13.2.1　输出影片设置

选择"文件 > 导出"命令，其子菜单如图 13-2 所示。可以选择将文件导出为图像或影片。

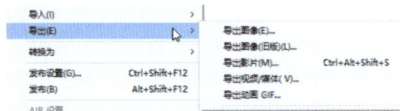

图 13-2

- "导出图像"命令：可以将当前帧或图像导出为一种静止图像格式，在导出时可以对图像进行优化处理。
- "导出图像（旧版）"命令：可以将当前帧或所选图像导出为一种静止图像格式，或导出为单帧 Flash Player 应用程序。
- "导出影片"命令：可以将制作好的动画导出为 SWF 格式的放映格式。
- "导出视频 / 媒体"命令：可以将动画导出为视频。
- "导出动画 GIF"命令：可以将制作好的动画导出为 GIF 动画。

> **提示**
>
> 　　将 Animate 图像保存为位图 GIF、JPEG、PNG 文件时，图像会丢失其矢量信息，仅保存像素信息。

13.2.2　输出影片图像格式

Animate 2020 可以输出多种格式的动画或图形文件，一般包含以下几种常用类型。

1. SWF 影片 (*.swf)

SWF 动画是浏览网页时常见的动画格式，它是以 .swf 为后缀的文件，具有动画、声音和交互等功能，需要在浏览器中安装 Flash 播放器插件才能观看。可以将整个文档导出为具有动画效果和交互功能的 Flash SWF 文件，以便将 Flash 内容导入其他应用程序中，如导入 Dreamweaver 中。

选择"文件 > 导出 > 导出影片"命令，弹出"导出影片"对话框，在"文件名"文本框中输入要导出动画的名称，在"保存类型"下拉列表中选择"SWF 影片（*.swf）"，如图 13-3 所示，单击"保存"按钮，即可导出影片。

> **提示**
>
> 　　在以 SWF 格式导出 Animate 文件时，文本以 Unicode 格式进行编码。Unicode 编码是一种文字信息的通用字符集编码标准，它是一种 16 位编码格式。也就是说，Animate 文件中的文字使用双位元组字符集进行编码。

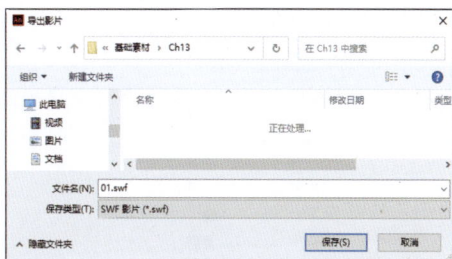
图 13-3

2. JPEG 序列 (*.jpg)

可以将 Animate 文档中当前帧上的对象导出成 JPEG 位图文件。JPEG 格式图像为高压缩比的 24 位位图。JPEG 格式适合显示包含连续色调（如照片、渐变色或嵌入位图）的图像。

3. GIF 序列 (*.gif)

可以将 Animate 动画时间轴上的每一帧都变为 GIF 位图文件。选择"文件 > 导出 > 导出影片"命令，弹出"导出影片"对话框，在"文件名"文本框中输入要导出序列文件的名称，在"保存类型"下拉列表中选择"GIF 序列 (*.gif)"，如图 13-4 所示，单击"保存"按钮，弹出"导出 GIF"对话框，如图 13-5 所示。

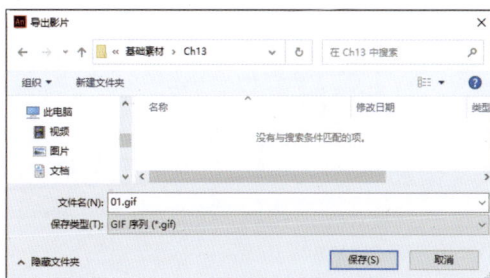
图 13-4

图 13-5

- "宽度"和"高度"选项：设置 GIF 动画的尺寸大小。
- "分辨率"选项：设置导出动画的分辨率，并且可以根据图形的大小自动计算宽度和高度。单击"匹配屏幕"按钮，可以将分辨率设置为与显示器相匹配。
- "颜色"下拉列表：选择导出图像的颜色数量。
- "透明"选项：勾选此复选框，输出的 GIF 动画的背景色为透明。
- "交错"选项：勾选此复选框，浏览者在下载过程中，动画以交互方式显示。
- "平滑"选项：勾选此复选框，对输出的 GIF 动画进行平滑处理。
- "抖动纯色"选项：勾选此复选框，对 GIF 动画中的色块进行抖动处理，以提高画面质量。

4. PNG 序列 (*.png)

PNG 文件格式是一种可以跨平台支持不透明度的图像格式。选择"文件 > 导出 > 导出影片"命令，弹出"导出影片"对话框，在"文件名"文本框中输入要导出序列文件的名称，在"保存类型"下拉列表中选择"PNG 序列 (*.png)"，如图 13-6 所示，单击"保存"按钮，弹出"导出 PNG"对话框，如图 13-7 所示。

- "宽度"和"高度"选项：设置 PNG 图片的尺寸大小。
- "分辨率"选项：设置导出图片的分辨率，并且让 Animate 2020 根据图形的大小自动计算宽度和高度。单击"匹配屏幕"按钮，可以将分辨率设置为与显示器相匹配。

- "包含"下拉列表：可以设置导出图片的区域大小。
- "颜色"下拉列表：选择导出图片的颜色数量。
- "平滑"选项：勾选此复选框，对输出的 PNG 图片进行平滑处理。

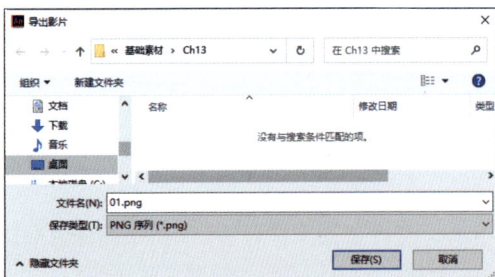

图 13-6

图 13-7

13.2.3 发布影片设置

选择"文件 > 发布"命令，在 Animate 文件所在的文件夹中生成与 Animate 文件同名的 SWF 文件和 HTML 文件，如图 13-8 所示。

图 13-8

如果要设置同时输出多种格式的动画作品，选择"文件 > 发布设置"命令，弹出"发布设置"对话框，如图 13-9 所示。在默认状态下，只有两种发布格式。也可以勾选下方其他格式的复选框，如图 13-10 所示。

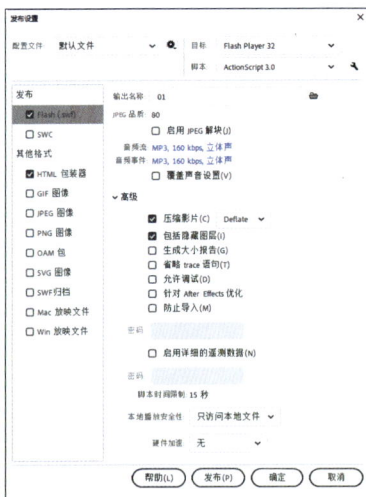

图 13-9

图 13-10

可以在每种格式右侧的文本框中，为文件重新命名。单击发布目标按钮 📁，可以为文件重新设置要发布的文件夹。

> **提示**
>
> 在"发布设置"对话框中完成设置后，单击"确定"按钮并不会发布文件，只有单击"发布"按钮时才能发布文件。

13.2.4 发布影片图像格式

Animate 2020 能够发布多种格式的文件，下面介绍几种常用格式文件的参数设置。

1. Flash（.swf）

Flash SWF 文件是网络上流行的动画格式。在"发布设置"对话框中勾选"Flash（.swf）"复选框，切换到"Flash（.swf）"面板，如图 13-11 所示。

2. SWC

SWC 文件用于分发组件，该文件包含了编译剪辑、组件的 ActionScript 类文件以及描述组件的其他文件，如图 13-12 所示。

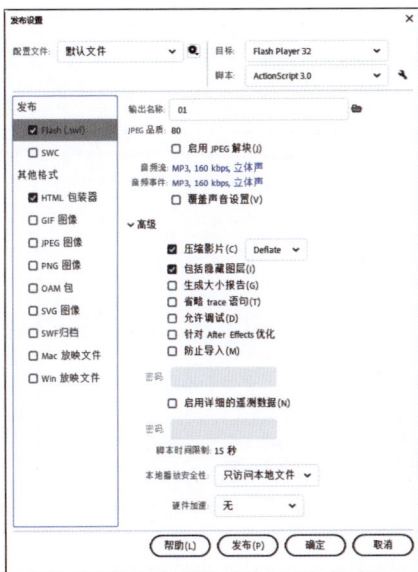

图 13-11

图 13-12

3. HTML 包装器

HTML 文件用于在网页中引导和播放 Animate 动画作品。如果要在网络上播放 Animate 影片，需要创建一个能激活影片并指定浏览器设置的 HTML 文件。在"发布设置"对话框中勾选"HTML 包装器"复选框，切换到"HTML 包装器"面板，如图 13-13 所示。

4. GIF 图像

Animate 2020 可以将动画发布为 GIF 格式的动画，这样不使用任何插件就可以观看动画。但 GIF 格式的动画已经不属于矢量动画，不能随意、无损地放大或缩小画面，而且动画中的声音和动作都会失效。在"发布设置"对话框中勾选"GIF 图像"复选框，切换到"GIF 图像"面板，如图 13-14 所示。

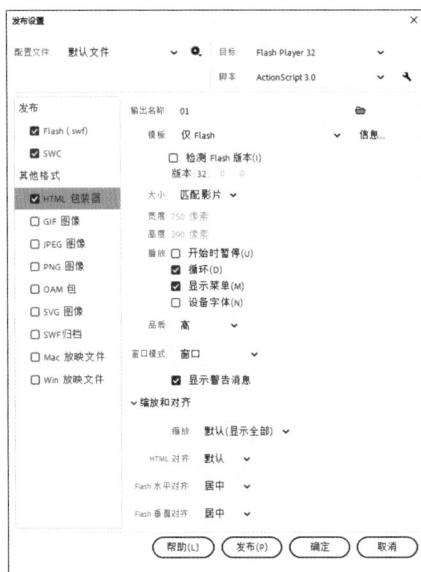

图 13-13

图 13-14

5．JPEG 图像

在"发布设置"对话框中勾选"JPEG 图像"复选框，切换到"JPEG 图像"面板，如图 13-15 所示。

6．PNG 图像

PNG 文件格式是一种可以跨平台支持不透明度的图像格式。在"发布设置"对话框中勾选"PNG 图像"复选框，切换到"PNG 图像"面板，如图 13-16 所示。

图 13-15

图 13-16

7．OAM 包

带动画组件的 OAM（.oam）文件可以从 ActionScript、WebGL 或 HTML5 Canvas 中的 Animate 内容导出，而在 Animate 中生成的 OAM 文件可以在 Dreamweaver、Muse 和 InDesign 中使用。在"发布设置"对话框中勾选"OAM 包"复选框，切换到"OAM 包"面板，如图 13-17 所示。

8. SVG 图像

SVG 是一种 XML 标记语言，又称为可伸缩矢量图形。可伸缩矢量图形在缩放和改变尺寸的情况下图像质量保持不变，在任何分辨率下都可以高质量地打印出来，与 JPEG 和 GIF 图像相比，SVG 图像的可压缩性更强，尺寸更小。同时，可伸缩矢量图形又是可交互的和动态的，可以嵌入动画元素或通过脚本来定义动画，可以用于 Web、印刷及移动设备。在"发布设置"对话框中勾选"SVG 图像"复选框，切换到"SVG 图像"面板，如图 13-18 所示。

图 13-17

图 13-18

9. SWF 归档

SWF 归档文件是 Animate 2020 发布的一种格式，与 SWF 文件不同，它可以将不同的图层作为单独的 SWF 文件进行打包，再导入 Adobe After Effects 中快速设计动画。在"发布设置"对话框中勾选"SWF 归档"复选框，切换到"SWF 归档"面板，如图 13-19 所示。

图 13-19

13.2.5　转换为 HTML5 Canvas

如果想要将 Animate 中制作的旧版动画转换为 HTML5 动画，可以通过以下两种方式进行转换。

1. 复制图层的方式

打开要转换的动画文件，在"时间轴"面板中选中图层，在任意一个图层名称上单击鼠标右键，在弹出的快捷菜单中选择"拷贝图层"命令，将选中的图层进行复制。

新建一个 HTML5 Canvas 文档，在"时间轴"面板图层名称上单击鼠标右键，在弹出的快捷菜单中选择"粘贴图层"命令，将复制的图层进行粘贴。

2. 使用"菜单"命令转换的方式

打开要转换的动画文件，选择"文件 > 转换为 > HTML5 Canvas"命令，如图 13-20 所示，即可将 ActionScript 3.0 文档转换为 HTML5 文档。

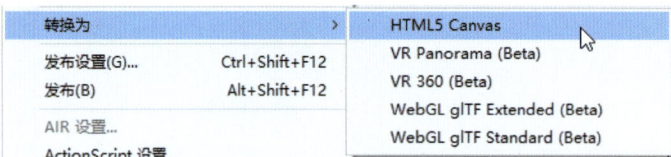

图 13-20

13.2.6　针对 HTML5 的发布

HTML5 是构建 Web 内容的一种语言描述方式，是网页创建内容的最新标准。在 Animate 2020 中，选择 HTML5 Canvas 文档类型，进入 HTML5 发布环境，输出发布即可。

选择"文件 > 发布设置"命令，弹出"发布设置"对话框，如图 13-21 所示，在对话框中进行设置，单击"发布"按钮，即可发布文件。

图 13-21

14

第 14 章
综合设计实训

本章介绍

本章的综合设计实训案例采用真实情境来训练学生利用所学知识完成商业动漫设计项目。通过多个动漫设计项目案例的演练，学生可以进一步掌握 Animate 2020 的强大操作功能和使用技巧，并应用所学技能制作出专业的动漫设计作品。

学习目标

- ✔ 掌握使用"创建传统补间"命令制作传统补间动画的方法
- ✔ 掌握图形、按钮、影片剪辑元件的创建及应用方法
- ✔ 掌握运用"动作"面板添加动作脚本的方法

素质目标

- ✔ 培养能够提出独特的创意和设计概念，为项目注入新鲜的思维和创造力的能力
- ✔ 培养对自己职业发展有明确意识的就业与创业思维

14.1 贺卡设计——制作元宵节贺卡

14.1.1 项目背景及要求

1. 客户名称

尚佳科技有限公司。

2. 客户需求

尚佳科技有限公司在元宵节来临之际，为与合作伙伴以及公司员工联络感情和互致问候，需制作电子贺卡；要求具有温馨的祝福语和传统的节日特色，能够充分表达公司的节日祝福与问候。

3. 设计要求

（1）贺卡要求运用插画的形式进行设计。

（2）使用具有元宵节特色的元素装饰画面，使人感受到浓厚的元宵节气息。

（3）使用暖色调烘托节日氛围，使贺卡更加具有元宵节特色。

（4）设计规格均为 2598 px（宽）×1240 px（高）。

微课视频 制作元宵节贺卡 1
微课视频 制作元宵节贺卡 2
微课视频 制作元宵节贺卡 3
微课视频 制作元宵节贺卡 4
扩展案例 制作春节贺卡

14.1.2 项目创意及制作

1. 素材资源

图片素材所在位置：云盘中的"Ch14/ 素材 / 制作元宵节贺卡 /01 ~ 15"。

2. 作品参考

设计作品参考效果所在位置：云盘中的"Ch14/ 效果 / 制作元宵节贺卡 .fla"。效果如图 14-1 所示。

图 14-1

3. 制作要点

使用"导入"命令导入素材并制作图形元件；使用"创建传统补间"命令制作传统补间动画；使用"属性"面板设置元件的不透明度及旋转角度；使用场景制作场景动画。

14.2 电子相册——制作旅游相册

14.2.1 项目背景及要求

1. 客户名称

麦芽摄影工作室。

微课视频 制作旅游相册
扩展案例 制作电子相册

2. 客户需求

麦芽摄影工作室是一家专业的摄影工作团队，致力于运用独特的眼光捕捉属于顾客的唯美瞬间，

同时为客户提供精致唯美的相册。目前工作室需要制作一款新的旅游相册模板，要求以江南游记为主题，相册风格为复古、唯美，既能够体现出江南水乡的特点又能够体现出工作室的高品质。

3. **设计要求**

（1）相册以江南风景为主，画面要求精致唯美。

（2）提炼江南特色景观，在模板中进行体现并点缀画面。

（3）整体设计要体现旅行所带来的轻松愉悦的感觉。

（4）设计规格为 800 px（宽）×600 px（高）。

14.2.2 项目创意及制作

1. **素材资源**

图片素材所在位置：云盘中的"Ch14/ 素材 / 制作旅游相册 /01 ～ 11"。

2. **作品参考**

设计作品参考效果所在位置：云盘中的"Ch14/ 效果 / 制作旅游相册 .fla"。效果如图 14-2 所示。

3. **制作要点**

使用"导入"命令导入素材并制作按钮元件和图形元件；使用"创建传统补间"命令制作补间动画；使用"动作"面板设置脚本语言；使用"粘贴到当前位置"命令复制按钮图形。

图 14-2

14.3 广告设计——制作女包广告

14.3.1 项目背景及要求

1. **客户名称**

NEW LOOK。

2. **客户需求**

NEW LOOK 是一家生产经营各类皮件商品的公司，包括各式皮包、男女装、香水、丝巾等。该公司多年来一直坚守自己的品牌精神，给顾客提供不同的产品。现因公司推出新款女士皮包，需要制作一个全新的网店首页海报，要求起到宣传公司新产品的作用，并向客户传递出清新感和活力感。

3. **设计要求**

（1）将自然元素与新产品巧妙结合，突出产品的优点。

（2）画面使用图案进行装饰，但不能喧宾夺主。

微课视频　微课视频　扩展案例
制作女包广告1　制作女包广告2　制作豆浆机广告

（3）色彩运用自然和谐，画面明亮清新。

（4）设计具有简洁、时尚和雅致的艺术风格。

（5）设计规格为 800 px（宽）×250 px（高）。

14.3.2　项目创意及制作

1. 素材资源

图片素材所在位置：云盘中的"Ch14/ 素材 / 制作女包广告 /01、02"。

2. 作品参考

设计作品参考效果所在位置：云盘中的"Ch14/ 效果 / 制作女包广告 .fla"。效果如图 14-3 所示。

3. 制作要点

使用"导入"命令导入素材并制作图形元件；使用"创建传统补间"命令制作补间动画效果；使用"属性"面板设置实例的不透明度及动画的旋转角度；使用"变形"面板改变实例的大小及角度；使用文本工具输入文字。

图 14-3

14.4　海报设计——制作油泼面海报

微课视频　　　　扩展案例

制作油泼面　　　制作美食
海报　　　　　　生活网页

14.4.1　项目背景及要求

1. 客户名称

一碗面。

2. 客户需求

一碗面是一家连锁餐饮品牌，以"一座城一碗面"为主旨，致力于为身处外乡的人们带来家乡的味道。本季度店内重点推出陕西油泼面，需要制作一款宣传海报。设计要求为画面主题明确，符合行业特色并能够体现出招牌菜品。

3. 设计要求

（1）整体要求简洁大方，既体现出当地特色又点明主旨。

（2）要求图文搭配合理，装饰元素符合主题需求。

（3）色彩要求以红色为主色调，体现出本期主题特点，营造出热闹的氛围。

（4）画面整体主次分明，视觉流程明确。

（5）设计规格为 750 px（宽）×1181 px（高）。

14.4.2　项目创意及制作

1. 素材资源

图片素材所在位置：云盘中的"Ch14/ 素材 / 制作油泼面海报 /01 ～ 07"。

2．作品参考

设计作品参考效果所在位置：云盘中的"Ch14/ 效果 / 制作油泼面海报 .fla"。效果如图 14-4 所示。

3．制作要点

使用"导入"命令导入素材并制作图形元件；使用"创建传统补间"命令制作动画效果；使用"时间轴"面板控制动画的出场时间。

图 14-4

14.5 节目片头——制作早安片头

14.5.1 项目背景及要求

1．客户名称

阳光幼儿园。

2．客户背景

阳光幼儿园自成立以来，以温暖的关怀、优质的教育、专业的服务为行为准则，致力于为儿童提供一流的教学环境和先进的教学服务，现需要制作一个以早安为主题的动画片头，要求通过简洁夸张的动画造型，以及拟人化的风格，体现出清晨朝气蓬勃的特点，能够引起小朋友的注意并调动其积极乐观的心态。

微课视频　　　微课视频　　　扩展案例

制作早安片头 1　　制作早安片头 2　　制作卡通歌曲

3．设计要求

（1）动画设计要简法夸张，运用拟人化手法，符合儿童视觉习惯。

（2）要保持声画同步，提升信息传达能力。

（3）色彩要求使用活泼明朗的色调，符合儿童的色彩感观需求。

（4）设计规格为 800 px（宽）×534 px（高）。

14.5.2 项目创意及制作

1．素材资源

图片素材所在位置：云盘中的"Ch14/ 素材 / 制作早安片头 MV/01 ~ 10"。

2．作品参考

设计作品参考效果所在位置：云盘中的"Ch14/ 效果 / 制作早安片头 .fla"，效果如图 14-5 所示。

图 14-5

3. 制作要点

使用"导入"命令导入素材并制作图形元件；使用"文本"工具制作按钮元件；使用"创建传统补间"命令制作补间动画效果；使用"遮罩层"命令制作文字动画效果；使用属性面板设置实例的不透明度及动画的旋转角度；使用"变形"面板改变实例的角度。

14.6 课堂练习1——设计音乐节目片头

14.6.1 项目背景及要求

1. 客户名称

《你我来说唱》。

2. 客户需求

《你我来说唱》是一档青年说唱音乐节目，旨在传播年轻人的文化态度和主张，并且重视理念和交互，是一档以年轻群体作为收视主体的网络综艺节目。现要为其设计节目片头，要求以视听合一的形式概括与表现节目内容，直观地体现主题思想且形式创新。

微课视频 设计音乐节目片头1
微课视频 设计音乐节目片头2
微课视频 设计音乐节目片头3
微课视频 设计音乐节目片头4
微课视频 设计音乐节目片头5

3. 设计要求

（1）要求使用卡通的形式进行制作，画面活泼生动。

（2）将节目特点及要素提炼概括，在片头中进行体现并点缀画面。

（3）色彩要求使用激情、奔放、斗志昂扬的红色调，符合节目特点。

（4）图文搭配合理，主次分明，视觉流程明确。

（5）设计规格均为 800px（宽）×600px（高）。

14.6.2 项目创意及制作

1. 素材资源

图片素材所在位置：云盘中的"Ch14/素材/设计音乐节目片头/01～12"。

2. 制作提示

首先，新建文件并导入素材文件；然后，在"库"面板中制作图形元件；再返回场景中制作动画效果；最后，为动画添加动作脚本。

3. 制作要点

使用"导入到库"命令和"新建元件"命令导入素材并制作图形元件；使用"新建元件"命令制作影片剪辑元件；使用"时间轴"面板控制画面的出场时间。

14.7　课堂练习 2——设计空调扇广告

14.7.1　项目背景及要求

微课视频　微课视频　微课视频

设计空调扇　设计空调扇　设计空调扇
　广告 1　　　广告 2　　　广告 3

1.　客户名称

戴森尔。

2.　客户需求

戴森尔是一家网上综合购物平台，商品涵盖家电、手机、电脑、服装、百货、海外购等品类。该平台现推出新型变频空调扇，要求进行广告设计，用于平台宣传及推广，设计要符合现代设计风格，给人沉稳干净的印象。

3.　设计要求

（1）画面设计要求以产品图片为主体。

（2）要求使用直观醒目的文字来诠释广告内容，表现活动特色。

（3）画面色彩要给人清新干净的印象。

（4）画面版式沉稳且富于变化。

（5）设计规格为 1920 px（宽）×800 px（高）。

14.7.2　项目创意及制作

1.　素材资源

图片素材所在位置：云盘中的"Ch14/ 素材 / 设计空调扇广告 /01 ~ 03"。

2.　制作提示

首先，新建文件并导入素材文件；然后，在"库"面板中制作图形元件；再制作影片剪辑动画；最后，制作场景动画。

3.　制作要点

使用"导入到库"命令导入素材；使用"新建元件"命令和"文本"工具制作图形元件；使用"分散到图层"命令制作功能动画；使用"创建传统补间"命令制作补间动画；使用"属性"面板调整实例的不透明度。

14.8　课后习题 1——设计手机广告

微课视频

设计手机广告

14.8.1　项目背景及要求

1.　客户名称

米心手机专营店。

2.　客户需求

米心手机专营店是一家手机专卖场。该手机店新推出了手机促销活动，需要制作针对网店的宣传广告，要求能够体现出新款产品的特点。广告要求内容突出，重点宣传此次推出新款产品的活动。

3.　设计要求

（1）主要内容突出，能够充分展现此次新品宣传活动。

（2）以产品实物为主体，与文字一起构成丰富的画面。

（3）主次分明，文字的设计具有特色，能使消费者快速了解产品信息。

（4）画面对比强烈，能迅速吸引人注意。

（5）设计规格为 1899 px（宽）×595 px（高）。

14.8.2　项目创意及制作

1. 素材资源

图片素材所在位置：云盘中的"Ch14/ 素材 / 设计手机广告 /01 ～ 04"。

2. 制作提示

首先，新建文件并导入素材文件；然后，在"库"面板中制作图形元件；再返回场景中制作手机动画；最后，制作文字动画并控制文字的出场时间。

3. 制作要点

使用遮罩层命令制作遮罩动画效果；使用"矩形"工具和"颜色"面板制作渐变矩形；使用"创建传统补间"命令制作动画效果。

14.9　课后习题 2——设计节日类动态海报

14.9.1　项目背景及要求

1. 客户名称

创维有限公司。

微课视频

设计节日类
动态海报

2. 客户需求

创维有限公司是一家电商用品零售企业，贩售平整式包装的家具、配件、浴室和厨房用品等。现因春节即将来临，需要制作一款动态海报，用于线上传播，以便与合作伙伴以及公司员工联络感情和互致问候。要求具有温馨的祝福语、浓郁的民俗色彩，以及传统的节日特色，能够充分表达公司的祝福与问候。

3. 设计要求

（1）运用传统民俗的风格，使动态海报既有传统特色又具有现代感。

（2）使用具有春节特色的元素装饰画面，营造热闹的气氛。

（3）整体运用红色来烘托节日氛围。

（4）设计规格为 1242 px（宽）×2208 px（高）。

14.9.2　项目创意及制作

1. 素材资源

图片素材所在位置：云盘中的"Ch14/ 素材 / 设计节日类动态海报 /01 ～ 03"。

2. 制作提示

首先，新建文件并导入素材文件；然后，在"库"面板中制作图形元件；再返回场景中摆放图形元件的位置；最后，制作动画效果。

3. 制作要点

使用"导入到库"命令导入素材文件；使用"转换为元件"命令将图像转换为图形元件；使用"变形"面板、"属性"面板和"创建传统补间"命令制作敲鼓动画。